国家自然科学基金面上项目"共和盆地储层干热岩人工裂隙与流体传热机理及热能效应研究"(No.41674180) 资助
国家重点研发计划子课题"热储内多场耦合流动传热机理与取热性能优化"(No.2019YFB1504203)

干热岩地热储层裂隙岩体
GANREYAN DIRE CHUCENG LIEXI YANTI

渗流传热机理研究
SHENLIU CHUANRE JILI YANJIU

郑 君 窦 斌 胡郁乐 田 红 冯建宇 著

图书在版编目(CIP)数据

干热岩地热储层裂隙岩体渗流传热机理研究/郑君等著. —武汉：中国地质大学出版社，2021.3
ISBN 978-7-5625-4744-0

Ⅰ.①干…
Ⅱ.①郑…
Ⅲ.①干热岩体-热储-裂隙储集层-裂缝渗流-传热-研究
Ⅳ.①P314

中国版本图书馆 CIP 数据核字(2021)第 072470 号

干热岩地热储层裂隙岩体渗流传热机理研究	郑 君 窦 斌 胡郁乐 田 红 冯建宇 著
责任编辑：张旻玥 徐蕾蕾	选题策划：徐蕾蕾　　责任校对：何澍语

出版发行：中国地质大学出版社(武汉市洪山区鲁磨路388号)	邮政编码：430074
电　　话：(027)67883511　　传　　真：67883580	E-mail:cbb@cug.edu.cn
经　　销：全国新华书店	http://cugp.cug.edu.cn
开本：787mm×1092mm 1/16	字数：268千字　印张：10.5
版次：2021年3月第1版	印次：2021年3月第1次印刷
印刷：武汉精一佳印刷有限公司	
ISBN 978-7-5625-4744-0	定价：58.00元

如有印装质量问题请与印刷厂联系调换

前　言

随着中国经济的快速发展，作为国家命脉的能源的消费量也显著增加，目前我国能源消费总量持续多年位居世界前列，同时能源供应结构以化石能源为主，给生态环境造成了巨大压力。由此，发展清洁能源，进行能源生产和消费升级革命迫在眉睫。习近平总书记在党的十九大报告中指出，发展清洁能源是改善能源结构、保障能源安全、推进生态文明建设的重要任务。地热资源以其热效率高、稳定性好、用地少、生态效应小等优点成为了一种极具潜力的清洁可再生能源。地热资源主要分为水热型地热资源和干热岩型地热资源。干热岩型地热资源储量丰富且分布广泛，仅开采其中的2%，能获取的热能大约是传统水热型地热资源的168倍，同时干热岩型地热资源开采不受气候和环境影响，被认为是有着很好发展前景的新型可再生能源，因此获得了世界各国的高度专注。

干热岩型地热能主要赋存于深层的结晶岩及稍浅层的变质岩岩体中，岩石整体坚硬，多为巨块状构造，渗透率极低。干热岩型地热资源的提取通常是换热效率较好的取热工质在储层裂隙中与储层岩体发生对流换热而进行的。取热工质注入到干热岩地热系统后会在储层裂隙岩体中发生渗流传热作用，其效果直接影响着干热岩热能提取的工程效益。因此，本书主要研究了干热岩地热储层裂隙岩体的渗流传热机理，以期为干热岩地热资源的开发利用提供参考。

热固耦合作用在干热岩热能提取过程中普遍存在，而热固耦合下岩石的导热性能是影响取热效率的重要因素，因此，本书首先对热固耦合作用下地热储层花岗岩导热性能开展研究。在干热岩地热资源开采的过程中，主要涉及了取热工质流体在裂隙岩体中的渗流过程以及工质流体与裂隙岩体之间的热交换过程，两者相互耦合，紧密联系。地热储层裂隙岩体裂隙特征极其复杂，储层内部不仅多条裂隙相互连通、分布具有随机性，而且单条裂隙的长度、宽度、粗糙起伏程度等特征参数会影响储层换热介质的流动，进而影响流体与周围岩石的换热效率。由此，本书考虑了单裂隙、粗糙单裂隙和多裂隙等热储岩体特征，系统研究了干热岩地热储层不同裂隙岩体渗流传热影响机理。此外，还结合数值模拟方法，探寻了热储裂隙特征对EGS水平井热能效应影响的规律，提出了综合考虑系统寿命与发电功率的开采方案，以期为干热岩实际工程开发利用提供参考。

国家重点研发计划子课题"热储内多场耦合流动传热机理与取热性能优化"（No.2019YFB1504203）、"未固结砂岩热储层保护与增效钻完井技术及材料"（No.2019YFB1504201）、"砂岩储层水－热－化动态监测与模拟方法"（No.2019YFB1504204）和国家自然科学基金面上项目"共和盆地储层干热岩人工裂隙与流体传热机理及热能效应研究"（No.41674180）等为本书相关内容研究提供了资助，在编写过程中得到中国地质大学（武汉）崔国栋副教授的关心和支持，同时中国地质大学（武汉）工程学院肖鹏、李鹏、陈金龙等博士研究生，夏杰勤、陈宇、王亚超、冯雪杨、余家兴、樊涛、肖鹏和钟涛等硕士研究生参与了本书相关实验实施、数值模拟、数据处理等工作，在此致以衷心的谢意。

本书可作为普通高等院校有关地热开采和利用研究方向的教学参考用书，也可作为相关工程技术人员的参考用书。本书在撰写的过程中，参阅了大量国内外相关的文献资料，为减少篇幅，书后仅列出部分参考文献，在此谨向相关作者表示歉意。由于笔者的水平和经验有限，书中可能存在不足之处，敬请读者批评指正。

著 者

2021年3月

目 录

§1 绪 论 ··· (1)
  1.1 研究目的及意义 ··· (1)
  1.2 国内外研究现状 ··· (2)
§2 热固耦合作用下地热储层花岗岩导热性能研究 ··· (9)
  2.1 花岗岩物理性质实验研究 ·· (9)
  2.2 花岗岩物理性质对热导率的影响研究 ·· (19)
  2.3 热固耦合作用对传热性能的影响研究 ·· (29)
  2.4 热固耦合作用下储层岩体的热导率数学模型 ··· (31)
  2.5 本章小结 ·· (38)
§3 地热储层单裂隙渗流传热影响机理研究 ·· (40)
  3.1 岩体的结构性 ·· (41)
  3.2 单裂隙岩体渗流传热耦合理论分析 ··· (42)
  3.3 地热储层单裂隙岩体渗流传热模型 ··· (43)
  3.4 地热储层单裂隙岩体瞬态温度场分布特征分析 ·· (44)
  3.5 数值模拟研究结果与分析 ·· (46)
  3.6 本章小结 ·· (58)
§4 地热储层粗糙单裂隙渗流传热影响机理研究 ·· (60)
  4.1 裂隙粗糙度定量描述 ·· (60)
  4.2 粗糙单裂隙渗流传热局部热平衡数值模拟研究 ·· (72)
  4.3 局部非热平衡模型模拟研究及参数灵敏度分析 ·· (92)
§5 地热储层多裂隙岩体渗流传热机理研究 ·· (102)
  5.1 地热储层多裂隙岩体的渗流-温度耦合分析 ··· (102)
  5.2 地热储层多裂隙岩体渗流传热模型 ··· (106)
  5.3 数值模拟研究结果及分析 ··· (108)
  5.4 本章小结 ·· (121)
§6 热储裂隙特征对EGS水平井热能效应影响研究 ·· (123)
  6.1 热流耦合下的渗流控制方程及EGS评价指标 ·· (123)
  6.2 EGS水平井均匀压裂性储层地下开采过程模拟 ··· (130)

6.3　EGS 水平井平行多裂隙换热过程模拟 ………………………………………………（138）

6.4　本章小结 ……………………………………………………………………………（154）

主要参考文献 …………………………………………………………………………………（156）

§1 绪　论

1.1　研究目的及意义

随着中国经济的快速发展，作为国家命脉的能源的消费量也显著增加，目前我国能源消费总量持续多年位居世界前列，同时能源供应结构以化石能源为主，给生态环境造成了巨大压力。由此，发展清洁能源，进行能源生产和消费升级革命迫在眉睫。习近平总书记在党的十九大报告中指出，发展清洁能源是改善能源结构、保障能源安全、推进生态文明建设的重要任务。近年来，以太阳能、风能、潮汐能、地热能为代表的绿色清洁能源已成为世界能源研究的热点。其中，地热能"取之不尽、用之不竭"，因其洁净无污染、储量大、空间分布广泛、开采过程安全且受环境影响小等优势，成为未来新能源利用的重要方向，因此也获得了世界各国的高度关注（郑敏，2007；贺凯，2018）。

早在1970年，李四光先生就曾提出："地下是一个大热库，是人类开辟自然能源的一个新来源，就像人类发现煤炭、石油可以燃烧一样。"由于地球形成时产生的余热、放射性元素的衰变以及地球内部机械能转换等原因，地球内部蕴含着巨大的热能，其内核的温度高达6880℃。目前人类可以开发利用的那部分地热能被称为地热资源（郑敏，2007；汪集暘等，2012）。根据相关文献资料，全球热流和地热梯度并不是统一的，也就是说地球地热特征存在区域性或局部性差异（Pandey et al，2018）。根据Pollack等（1993）的研究，大陆和海洋的平均热流分别为$65 mW/m^2$和$101 mW/m^2$，经面积加权计算，全球平均热流为$87 mW/m^2$，全球热损失为$44.2\times10^{12} W$；另外根据《中国大陆地区大地热流数据汇编》（第四版）热流数据统计表明，中国大陆地区（包含部分海洋区域）热流平均值$(61.5\pm13.9) mW/m^2$（姜光政等，2016）。

地热资源主要分为水热型地热资源和干热岩型地热资源。目前国内外对地热资源开发利用主要集中在占地热资源总量很少的水热型地热资源。资料显示，我国水热型地热能储量约为$2.5\times10^{22} J$，折合标准煤8530亿t，其余地热资源主要是以干热岩型地热资源的形式储存于地壳中（汪集暘，2016）。干热岩（Hot Dry Rock，HDR）是指埋藏于地面以下3~10km处，温度超过180℃（此温度在不同的领域，不同的国家具有不同的标准）的内部不存在或者含有很少流体的高温热岩体（许天福等，2018；肖鹏等，2018）。干热岩地热资源储量十分丰富，根据学者的保守估计，仅在3~10km深处地壳中的干热岩中所储存的热能值就相当于全球所有石油、天然气和煤炭所蕴藏能量的30倍。它所储存的地热资源约占已探明地热资源总量的30%。仅在较浅层干热岩地热资源中蕴含的地热能量就比包括煤、石油和天然气在内的所有化石燃料所蕴含能量的300倍还多。可见干热岩地热资源储量丰富而且分布广泛，干热岩地热资源也因此被认为是有着很好发展前景的新型可再生能源（庄庆祥，2017；王贵玲等，2017；付亚荣等，2018）。

目前对干热岩地热资源的开发和利用主要依赖于增强型地热系统。《地热能术语》

(NB/T 10097—2018)中规定,增强型地热系统为利用工程技术手段开采干热岩地热能或强化开采低孔渗性热储地热能而建造的人工地热系统。增强型地热系统的基本原理是利用取热工质流体(以水为主)从高温岩石中获取热量。具体工程措施一般是在前期勘察的地热靶区钻取注水井和生产井,并对地下埋深数千米的高温低渗透率岩石区域进行压裂形成热储层,连通注水井和生产井(曾玉超等,2012);之后将携热能力强的低温取热工质流体泵送到地下热储层,提取经充分热交换后的高温流体用于地面发电。

在上述干热岩开采过程中,储层岩体中普遍存在着热固耦合作用。从较大的时间尺度上看,热固耦合过程使深层高温岩体不断产生变形、微裂隙以及应力变化,会使得高温高压下的岩体热导率发生变化,进而导致周围岩体的温度场和应力场发生显著的变化,也就影响了干热岩储层开发利用年限。同时由上述增强型地热系统运行过程可知,干热岩型地热资源的提取是换热效率较好的取热工质流体在储层裂隙中与储层岩体发生对流换热而进行的。也就是说,裂隙是干热岩开采过程中主要的流体渗流通道,因此流体在流经裂隙时会发生明显的特征变化,这种特征变化会影响裂隙岩体中的渗流传热过程。而地热储层裂隙岩体中裂隙的特征极其复杂,储层内部不仅多条裂隙相互连通、分布具有随机性,而且单条裂隙的长度、宽度、粗糙起伏程度等特征参数会影响储层换热介质的流动,进而影响流体与周围岩石的换热效率(张万鹏,2012;陆川等,2015;王志良等,2016;张驰,2017)。

综上所述,地热能具有可再生性、清洁环保及分布广泛性等优势,同时开发潜力巨大,受到了世界各国的广泛关注。目前,水热型地热资源开发利用持续增长,而干热岩型地热资源的勘探开发尚处于初始阶段。在干热岩型地热资源开发过程中,取热工质流体与周围裂隙岩体的对流换热是影响取热效率的关键,其效率将直接影响增强型地热系统的性能。所以储层裂隙的长度、宽度、粗糙起伏程度、间距等形态特征参数和流体流速、流体导热系数等流体参数影响着增强型地热系统的性能。由此,笔者考虑了单裂隙、粗糙单裂隙和多裂隙等热储岩体特征,系统研究了干热岩地热储层不同裂隙岩体渗流传热影响机理。最后,结合数值模拟方法,探寻了热储裂隙特征对 EGS 水平井热能效应影响的规律,提出了综合考虑系统寿命与发电功率的开采方案,以期为干热岩开发利用提供参考。

1.2 国内外研究现状

1.2.1 增强型地热系统(EGS)开发与利用现状

全球第一个实施的 EGS 工程——芬顿山(Fenton Hill)项目,始于 1973 年美国新墨西哥(New Mexico)州。虽然没有实现深层地热能商业化,但该项目开发的创新型设备与技术证实了增强型地热系统的可行性(许天福等,2012;付亚荣等,2018;杨建锋等,2019)。自此,包括德国、法国、英国、澳大利亚、日本等多个国家相继开展 EGS 相关研究工作。

德国于 1980 年开始 EGS 研究工作。1980—1986 年,德国 Bad Urach-drilling 项目在 3488m 处测得孔底温度为 147℃,并进行了单孔系统的水力测试;1991—1996 年在 4445m 处测得孔底温度为 172℃;1996—1997 年,该项目为开发地热井下换热器实施大面积水力压裂,并进行了为期 4 个月的水利循环测试,取得 11MW 的热能。2003 年,德国的 Landau 项目是接入国家电网的首个地热联合发电厂,并进行了单井概念测试的 Genesys Horstberg

项目。2004 年，位于德国 Bavarian Molasse 盆地的 Unterhaching 项目除了实现供热外，还实现了发电。

法国 Soultz 项目是世界上第一个商业规模运营的 EGS 工程。1987 年，Soultz 项目开始，并于第一钻井 2000m 处测得孔底温度为 140℃，1990 年于 3500m 处测得孔底温度为 160℃。1994—1995 年，该项目在第二孔底 3876m 产能测试中首次观察到结晶岩体中产出蒸汽。通过大面积压裂和循环测试，并进行地震监测以及井下换热器开发，共获取 8MW 的热能。1998—2000 年，该项目于第二钻井深度 5060m 处测得孔底温度为 201℃。2007 年，法国 Soultz 项目建造了第一个基于有机朗肯循环的二元地热发电厂。通过一步步扎实推进和发展，Soultz 项目在 2013 年实现了稳定的地热连续发电。

除德国、法国之外，英国、澳大利亚、日本也在 EGS 项目研究中取得进展。英国利用 Rosemanowes 项目的成果，在同一地区 Eden 开发了一个 50MWe 商业规模的 EGS 发电厂。2003 年，澳大利亚 Cooper 盆地 EGS 项目开工，这是当时世界上最大的 EGS 示范项目。2013 年，Habanero 项目成功投产，是澳大利亚第一个产生电力的 EGS 项目。日本也是较早开始干热岩试验研究的国家之一。Hijiori 项目是日本第一个 EGS 示范研究工程，位于日本 Hijiori 火山口的南部边缘。该项目在 1985—1991 年间不仅建造了储层，而且掌握了较多干热岩相关技术（Lu, 2017；Ogino et al, 1999；许天福等，2016；Tenma et al, 2008）。

干热岩型地热资源是我国地热能的主要来源，仅开采其中的 2%，能够获取的热能大约是传统水热型地热资源的 168 倍（庄庆祥，2017）。中国干热岩地热能勘查与开发利用研究起步较晚且尚处于起步阶段，然而前几十年所钻取的油气井、地热井以及近年来中国大陆热流数据的编制等工作，对于增强型地热系统的选址具有一定的帮助。中国干热岩勘察工作开展至今，根据中国地质调查局调查结果显示，国内现已标记青海、西藏、福建、海南、湖南等 9 个地区为潜在地热靶区。其中青海省共和盆地因其较高的地温梯度及孔底温度，是我国极具潜力的 EGS 开发靶区。1993 年，不同领域的科研机构开始关注和研究我国干热岩型地热资源的分布与评估等工作（张所邦等，2017）。2012 年，据中国科学院汪集旸等专家测算，中国 3~10km 干热岩地热资源总量约为 20.9×10^{24} J，相当于 7.15×10^{14} t 标准煤，开发潜力巨大（表 1-1）。

表 1-1 中国主要地热地区干热岩型地热资源估算总量

地区	资源总量		勘探上限 (40%)		勘探下限 (2%)		比例 (%)
	地热资源 ($\times10^{24}$ J)	标准煤当量 ($\times10^{12}$ t)	地热资源 ($\times10^{24}$ J)	标准煤当量 ($\times10^{12}$ t)	地热资源 ($\times10^{24}$ J)	标准煤当量 ($\times10^{12}$ t)	
青海—西藏	4.3	146.8	1.72	58.7	0.09	2.94	20.5
中国北部	1.81	61.7	0.72	24.7	0.04	1.23	8.6
中国东南部	1.73	58.9	0.69	23.6	0.03	1.18	8.2
中国东北部	1.08	37.0	0.43	14.8	0.02	0.74	5.2
云南省	0.82	28.1	0.33	11.2	0.02	0.56	3.9

2014—2017 年，青海共和盆地干热岩勘查项目在 GR1、ZR2、DR4 等地热井均测得高于 180℃的孔底温度，其中最高温度达 236℃（张盛生等，2019）。此外，为促进地热资源的

开发利用，2015 年在北京举行的首届中德地热能源可持续利用研讨会上成立了中德地热研究中心。过去几年间，两国的合作，包括联合研究项目和科学家交流，都得到了深化。2017年，我国中央政府正式启动《地热能开发利用"十三五"规划》，为国家地热能源开发指定了目标，到 2020 年，空间供热面积由 $4\times10^8 \mathrm{m}^2$ 增加到 $1.5\times10^9 \mathrm{m}^2$，地热发电从 25MW 增加到 500MW。2018 年，位于海南省澄迈县的琼北干热岩井在 4550m 处测得孔底温度为 185℃。同年，黑龙江省安达市松科二井顺利完井，井深达 7018m，主要成果包括在 4400～7018m 发现的 150～241℃ 高温干热岩岩体以及 2 层含高放射性元素异常地层，证明了松辽盆地良好的地热能开发潜力。地热产业的快速发展必定伴随着研究力度的加大，以干热岩型地热资源为主的中国深层地热资源必将在世界未来能源格局中大放异彩。

1.2.2 热固耦合作用下岩石热导率研究现状

目前，国内外学者研究温度对砂岩热导率的影响较多，而对花岗岩却少有研究成果，且研究温度范围多在 300℃ 以下。Abdulagatova 等（2009）测量了孔隙度为 13%，温度范围为 2～250℃，压力为 400MPa 以上的干砂岩的有效热导率。Guo 等（2017）采用瞬态热丝法在 -80～100℃ 的温度范围内测量干燥砂岩和水饱和砂岩的热导率，所有样品均来自华东地区，样品孔隙度分布为 5%～13%。文献研究表明，当温度高于 0℃ 时，砂岩热导率随温度升高呈现渐进式下降趋势。Geng 等（2018）认为高温加热后，热扩散率下降的主要原因有两个：矿物组成的变化，由热应力引起的物理化学反应。类似研究还认为，砂岩的热扩散率随温度的升高而减小，一旦温度超过临界值，则趋于恒定。从 25～300℃，热扩散率降低的主要原因是附着水、束缚水和结构水的逸出；在 300～600℃ 之间，砂岩矿物的热响应增加了微裂纹的发展，从而导致砂岩的热扩散率降低（Heap et al, 2020）。

贺玉龙等（2013）采用基于平板热流计法的热导率测试仪测得花岗岩和砂岩温度在 20～70℃ 范围内热导率的变化。实验结果表明，花岗岩热导率随温度的升高而缓慢下降，两者之间存在负相关的线性关系；而砂岩热导率随温度的升高变化很小。陈振鸣等（2016）认为，随着温度的升高花岗岩热传导系数呈现逐渐减小的趋势；当温度在 80～150℃ 时，此时花岗岩热导率急剧减小。

花岗岩相较砂岩来说，矿物颗粒更加细小，结构更加致密单一。砂岩的抗腐蚀、抗风化能力也比花岗岩要好一些，同时砂岩的抗压强度也与花岗岩有所不同。前文中也曾提到，干热岩储层岩性主要为花岗岩和片麻岩，近来的研究中也发现砂岩，但是花岗岩和花岗闪长岩仍是研究的重点。学术界普遍认为干热岩岩体温度在 180～650℃ 之间，所以很有必要研究高温后花岗岩热导率的变化规律，为增强地热系统提取地热能提供更准确的理论支持。

岩石是矿物颗粒的集合，虽然岩石的热膨胀量相对较小，但膨胀行为对岩石结构有重要影响。矿物热膨胀特性的差异会在岩石内部产生很大的热应力，最大热应力通常集中在矿物颗粒的边界处。当热应力达到或超过岩石的抗拉/抗剪强度极限时，沿边界会产生新的裂缝。同时，热应力也会扩展现有的裂缝，造成岩石结构的不可逆破坏。此外，同一矿物不同结晶轴的热膨胀差异也会在加热时造成结构损伤。

邱一平等（2006）进行了高温后花岗岩样品力学性质的研究，得到了花岗岩塑性应变和偏斜应力之间的关系。闫治国等（2006）同时选择了熔结凝灰岩、花岗岩及流纹状凝灰角砾岩进行高温处理和单轴压缩实验后，讨论了纵波波速与密度、弹性模量及峰值应力和峰值应变之间的相互关系。

目前，在干热岩资源的开发与利用方面，储层改造与热产出能力预测是研究的重点内容。对干热岩的利用，EGS 系统中复杂的节理、裂隙系统、热-岩和水-岩等相互作用对工程的设计和环境安全评估与分析增加了难度。Li 等（2020）研究了高温状态下花岗岩的物理力学和热学性能，对高温状态下岩石的杨氏模量、泊松比、抗压强度、超声波波速、热膨胀率、密度、导热系数以及热扩散系数等参数的演化规律进行了分析。

热固耦合作用对干热岩储层导热性的影响，贯穿于热量传导和提取的全过程，前人的研究成果多集中于高温或者高压作用的单一影响研究，而对于热固耦合作用下岩石热学性质的研究较少，也未形成定量的分析成果。因此，本书将对热固耦合作用下岩石的导热性能展开研究，主要包括变形、裂隙形态等宏观因素，以及温度、压力和热导率等内在影响因素，并基于热能传递原理对热固耦合过程进行分析，探究热固耦合作用对干热岩储层导热性的影响，合理选择干热岩目标储层位置，采用热导率来表征岩石的导热性，并通过热固耦合作用下岩石的热导率值来评价目标储层的导热性，为工程实际提供理论参考。

1.2.3 裂隙岩体与流体传热实验研究现状

裂隙岩土体中的渗流传热过程及其机理的研究是目前国际上非常热门的一个科学研究方向，在核废料处理库建设、油气资源开采、干热岩地热资源开采等地下工程领域中具有十分重要的意义。这方面的相关研究已经取得了很大的进步，但是由于流体特征极其复杂，有关流体参数对于裂隙岩土体的渗流传热过程影响机理的模拟试验研究在国内外均比较少见，但近年来也有一些科研机构和学者开展了一些相关的研究，并取得了一系列的研究成果。

王铁（2016）结合相似传热理论建立了微型土壤源热泵实验系统，进行了土壤源热泵系统地下热流耦合传热特性的相关研究，研究得到了不同运行工况下的不同位置土壤温度以及埋管相关参数等的变化情况，重点从 3 种因素（渗流速度、埋管内取热工质速度、取热工质埋管入口水温）的角度对土壤源热泵系统地下传热特性影响的机理进行了研究分析。

张驰（2017）采用 3D 打印技术制造了具有不同裂隙特征的混凝土圆柱岩样，并在此基础上开展了渗流传热模拟试验，模拟了干热岩地热储层中的单裂隙渗流传热过程，研究了裂隙特征 JRC 以及渗流方向对于系统渗流传热过程的影响机理，分析了试验因素对于系统对流换热系数的影响机理。并在试验研究的基础上对数据进行了分析，拟合了 Nu 与 Re 和 Pr 的曲线，给出了相应的特征数方程。最后还采用全局灵敏度评价方法对影响渗流-换热过程的各试验因素进行了评价。

甘肃北山地区是我国核废料处理库建设的主要区域，核废料处理库的运行与 EGS 系统的运行十分相似，也会涉及流体在裂隙岩土体中的渗流传热过程。国内有很多学者基于甘肃北山地区的核废料处理库工程，做了一系列相关的渗流传热试验研究。孙健（2012）在理论研究的基础上，制定了一套能够开展实验室米级尺度的裂隙岩体热-水-力三场耦合模拟的试验装置，进行了渗流场单场模拟试验、温度场-渗流场两场耦合试验以及温度场-渗流场-应力场三场耦合试验，并分别分析了温度场、渗流场和应力场在实验过程中的演化规律以及它们之间的相互耦合作用，重点研究了裂隙岩体应力场对渗流场的影响。

Pastore 等（2016）通过在多孔介质中设置了热电偶，进行了强迫对流流体流过多孔介质时的传热问题研究，得出了热扩散与流动速度的关系以及固相局部热平衡假设的相关规律。在此研究的基础上，采用 3D 打印技术构建了具有不同特征的裂缝面，并对其进行建模得到了多孔混凝土裂缝块，研究了裂缝介质中热传输动力学的一些特征。Zhang 等（2017）采用巴西劈裂技术，对超临界 CO_2 在人工光滑平行板裂隙和粗糙弯曲裂缝中的层流对流换热进行了试验研究，分析了雷诺数、努塞尔数的变化规律。Jiang 等（2017）对水平裂隙中超临界 CO_2 层流对流换热进行了试验研究，揭示了流量和初始岩体温度对流体温度与岩壁的影响，得到了断口局部传热性能。Ma 等（2018）、Huang 等（2019）采用物理模拟和数值模拟相结合的方法，通过 3D 打印技术制作了不同的粗糙表面，研究了粗糙裂缝中水流传热特性以及沿流动方向局部传热系数的分布规律。

1.2.4 裂隙岩体渗流传热数值模拟研究现状

地热储层的热开采过程受储层特征、工程系统运行参数以及各个物理场之间的耦合作用等诸多因素的影响。由于实际地热储层的储层结构、采热机理、渗流场特征等与实验室尺度上的渗流传热地热储层模型之间存在着很大的差距（李正伟等，2018），同时地热储层裂隙岩体中的渗流传热过程极其复杂，通常情况下实验室模拟条件很难达到与工程实际相一致的实验模拟环境，因此研究结果往往与实际情况有很大的差距；现场原位试验虽然能够比较准确地反映工程实际情况，但是往往需要耗费很大的人力物力，有时候甚至出现研究成果与研究成本不相符的情况。因此在科学研究中往往需要借助于数值模拟研究来代替这方面的不足（白兰兰等，2007）。在科学研究中，如果能够建立与工程实际相似的数值模型，并采取适当的数值模拟软件，研究成果往往能够成功地应用于工程实际，指导工程实践。

在本书中主要涉及的是地热储层裂隙岩体中的热流耦合作用。在温度较低的取热工质注入到温度较高的干热岩储层时，或者在地热储层中受热后的热流体开采出地面的过程中，均会发生热流耦合作用。由于干热岩储层结构一般比较致密，在干热岩地热资源开采的过程中，储层地质结构变形（流体压力以及流体与地层的化学反应等导致的孔隙度或渗透率变化）对裂隙岩体中渗流耦合作用的影响可以忽略，但是温度与压力对于流体的性质，比如黏度、密度、换热系数等均会产生一定的影响，而这些参数会对干热岩地热资源的采热过程产生一定的影响（Pandey et al，2018）。目前有关干热岩地热储层的运行优化和储层参数方面的研究，国内外学者已经取得了很多成就。这些研究可以根据研究的因素分为裂隙特征、储层特征、储层地热梯度、流体参数等。

Kohl 等（1995）针对干热岩地热储层系统的长期运行过程，建立了二维单一裂隙数值模型，进行了数值模拟研究，模拟了干热岩储层中的温度场-渗流场-应力场的耦合机理，指出三场耦合过程在干热岩地热系统运行过程中的重要性。Kolditz（1995）以结晶岩裂隙为研究对象，建立了干热岩储层开采过程中的换热过程数值模拟模型，通过对比 2.5 维和 3 维模型的热开采过程，分析了不同维度对于干热岩开采过程的影响。Rutqvist 等（2002）结合 TOUGH 2 和 FLAC 3D 两种数值模拟软件的理论与方法，进行了裂隙和多孔岩石中的多相流体流动、传热和变形（THM）三场耦合分析研究。Hänchen 等（2011）针对太阳能电站填料床高温储能蓄热问题，建立了组合对流换热和传导换热的非定常一维两相能量守恒方程，对充放电循环过程进行了数值求解，并采用了一个中等规模滑石（硅酸镁岩石）填料床对研究结果进行了验证。对填料床尺寸、流体流速、颗粒直径、固相材料等进行了参数化研究，评价了填料床的充放电特性、日循环运行、总热效率和容积率。孙健（2012）在甘肃北山热-水-力三场耦合模型室内试验研究的基础上，采用了与模型试验相应的初始边界条件，研究了在数值模拟过程中裂隙岩体三场耦合效应的体现，分析研究了裂隙岩体应力场对温度场和渗流场的影响机理。Jiang 等（2013）建立了 EGS 地下换热过程的三维瞬态模型，介绍了两种热传输方程以描述裂隙中的对流换热以及岩石基质中的热传导，并选用了设定的 EGS 工程为例证明了模型的有效性以及合理性。Zeng 等（2014）研究了西藏羊八井花岗岩干热岩地热储层中的热开采过程。基于深度在 950～1350m 储层的地质数据资料建立了地热储层模型，研究发现羊八井地热双井系统下可以维持 3.23～3.48MW 的地热发电 20 年。Zeng 等（2016）在后期进一步对比分析了水平井和垂直井的采热效率，发现水平井的采热效率要优于垂直井，并且水平井有利于降低注入泵压。Asai 等（2019）在恒定注水温度以及注水总量的前提下，设计了 7 种不同的流体注入方案（不同的注水方式、注水时间梯度等），研究了不同的流体注入方案对于 EGS 储层热开采率的影响，通过研究发现，指数型流量注水方式是增加产量的最优选择。

1.2.5 裂隙粗糙度表征研究现状

裂隙粗糙度是影响岩体裂隙面剪切强度、力学性质变化、渗流传热特性的重要因素。Pattons（1966）开启了岩石领域裂隙粗糙度方面的研究，他提出表征裂隙面几何形态的首个参数，命名为起伏角，并建立了起伏角与裂隙面剪切形态的关系。1973 年 Barton 总结多组试验结果，推导出岩体裂隙面峰值剪切强度经验公式，即 JRC-JCS 模型。该模型采用节理粗糙度系数 JRC 描述裂隙面起伏形态对其抗剪强度的影响。1977 年，Barton 基于上百条裂隙试验结果，结合 JRC-JCS 模型，总结出 10 条具有不同 JRC 的标准裂隙面曲线用于工程评价。该评价方法被国际岩石力学学会采用，是目前评价裂隙面粗糙度的标准方法。虽然在工程实践中标准裂隙面曲线评价方法得到了广泛应用，但是采用人眼比对得出的结论常常导致主观性误差，不够客观准确。因此，近年来，国内外多位学者对粗糙度表征展开了一系列研究，取得了丰硕的研究成果。

除上文提到的标准裂隙面曲线评价方法外，目前用于表征裂隙面粗糙度的方法主要包括数理统计法、分形维数法、综合参数法 3 类。

数理统计法的基本原理是将裂隙面粗糙特征离散化，以此计算几何参数对裂隙面粗糙度进行表征。常规方法是基于裂隙面建立直角坐标系，进行定量化取值。之后依据数理统计方法选择合适的统计参数，代入裂隙面坐标进行计算，通过统计参数的数值来反映裂隙面的粗糙程度。现有统计参数包括但不限于伸长率 R、相对起伏度 R_a、均方值 MS、均方根 RMS、中心线平均值 CLA、一阶导数均方根 Z_2、二阶导数均方根 Z_3、区分坡向特征的起伏伏度均值参数 Z_4、自相关函数 ACF 和结构函数 SF。

分形维数法是描述自然界复杂形态几何体的有效方法。最早是由 Mandelbrot（1967）提出的，其本质是反映物体形貌的自相似性。考虑到分形理论应用于表征岩体裂隙面形态特征的可能性，先后有大量学者从事该方面的研究，总结出计算岩体裂隙面分形维数的多种方法，如码尺法、数盒子法、变量图法、光谱法、直线尺寸法和变异函数分析法等。但是随着研究的深入，越来越多的学者发现分形理论用于表征裂隙面形态时存在的问题。Mandelbrot（2019）采用曲线分形维数加 1 表示曲面分形维数的方法并没有强有力的科学理论依据；周宏伟等（2000）提出的立方体盒子覆盖法和张亚衡（2000）提出的改进立方体覆盖法虽然取得了一定的成果,但是在力学领域的应用并没有较好的实际结果。此外,热力学领域的分形理论应用暂时也存在一定困难,原因主要在于自然状态下的岩体裂隙面属于自仿射分形,与分形理论假设的自相似形存在差异(陈乃明等,1995;冯夏庭等,1999;周宏伟等,1999;谢卫红等,2004;李树荣等,2006)。

综合参数法的产生是由于部分学者认为复杂裂隙面起伏特征仅用单个参数难以表征。因此,他们尝试综合多个参数对裂隙面起伏特征进行描述。Fardin 等(2001)提出分形维数 D 与幅值参数 A 共同表征裂隙粗糙度,并研究了参数的尺度依赖性。Kulatilake 等(2006)在采用分形维数 D_{r1d} 表征粗糙度的基础上,提出分形尺度参数 K_v,并以此生成不同分形维数的布朗曲面,验证了方法的有效性。孙辅庭等(2013)基于前人研究成果,根据裂隙平均起伏度、起伏分布特点以及起伏的方向性,提出由 3 个特征参数组成的新指标 SRI,并以张拉型花岗岩裂隙算例进行验证。

除了方法不同之外,粗糙度的表征还存在着尺寸效应、各向异性等其他问题。存在尺寸效应是因为描述裂隙结构面的统计参数往往受测量步距和仪器测量精度的影响(宋磊博等,2017)。在不同采样间隔下,上述粗糙度表征方法都会得到不尽相同的结果。岩体结构面各向异性也是几十年来学者们一直在关注的问题。目前研究主要集中于二维裂隙轮廓线,采用分形维数描述三维裂隙面各向异性存在一定困难(杜时贵等,1993;陈世江等,2015;宋磊博等,2017)。

§2 热固耦合作用下地热储层花岗岩导热性能研究

干热岩作为一种新型可再生的地热资源，具有绿色、高效、安全的特点，是未来重要的清洁能源。增强型地热系统是利用水（或其他取热介质）从干热岩储层中获取地热，将热能提取到地面用以发电。热固耦合作用在干热岩热能提取过程中普遍存在，而热固耦合下岩石的导热性能是影响取热效率的重要因素。因此，通过热固耦合作用下岩石的热导率值来评价储层岩体的导热性能，选择合适的干热岩目标储层位置，对干热岩地热资源的高效开发具有重要意义。

本章围绕热固耦合作用下地热储层花岗岩导热性能开展研究，主要工作及成果如下：采用 X 射线衍射仪进行岩矿分析实验，并利用 TCS 热导率扫描仪测得花岗岩的热导率值，发现矿物成分是影响岩石热导率的关键因素。由于不同矿物的热导率有很大差异，热能在不同矿物中传播时会发生"折射"，将矿物成分的含量作为传播介质的厚度，建立了常温常压下矿物成分及其含量与岩石热导率之间的数学模型。通过扫描电镜实验，观测到高温后花岗岩的微观结构特征、裂隙扩展、孔隙度等的变化及分布情况。高温对岩石热导率的影响，是通过改变裂隙和微孔洞的形状、数量以及化学反应来实现的。压力的作用改变了岩石的裂隙宽度、孔隙度以及致密性，从而导致岩石热导率发生变化。根据实验数据，建立了温度和压力与岩石裂隙宽度、孔隙度之间的关系模型。基于温度和压力对岩石内部结构的作用原理，分析热固耦合作用对干热岩储层岩石的影响，得到温度和压力在一定的工况条件下分别对岩石传热性起主导作用。现阶段对干热岩的开发利用温度基本都在 200℃ 以下，开采深度在 3km 左右。压力对花岗岩导热性能起主导作用。高温致使矿物颗粒膨胀，压力的作用使颗粒更紧密，降低了孔隙度，促进了裂隙的闭合。根据傅里叶传热定律，结合矿物成分与岩石热导率的数学模型，引入温度和压力与岩石裂隙宽度、孔隙度之间的关系模型，最终建立热固耦合作用下岩石热导率数学模型。根据储层岩体的热导率数学模型，结合矿物成分、压力、温度、初始孔隙度等参数得到热固耦合下的热导率，评价热固耦合作用下岩石的导热性能，为干热岩目标靶区的选择提供理论参考。

2.1 花岗岩物理性质实验研究

2.1.1 岩样的制备与处理

2.1.1.1 岩样采集

秭归盆地为一向斜构造，走向北北东，向斜东翼向黄陵背斜过渡。黄陵背斜为穹隆背斜，呈椭圆形，走向近南北。沿着秭归向斜西侧和黄陵背斜东侧采集露头花岗岩、片麻岩等岩样，如图 2-1 所示。秭归向斜西侧核部到翼部路线：银杏沱—兰陵溪—陈家沟大桥。岩性由岩浆岩（花岗岩、闪长岩）向变质岩（片麻岩）变化，岩石矿物粒径由粗到细变化。

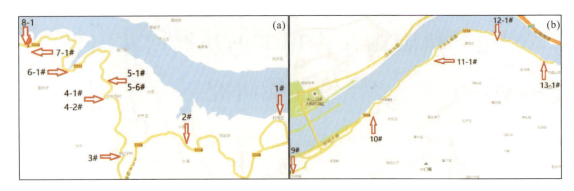

图 2-1　采集岩样位置图

(a) 秭归向斜岩样采集点；(b) 黄陵背斜岩样采集点

在银杏沱—兰陵溪地区采集的岩样多以中细粒径花岗岩为主，而兰陵溪—陈家沟地区多出露以片麻岩为主的变质岩，如图 2-2 所示。黄陵背斜东侧核部到翼部路线：东岳庙—黄陵庙—小滩头。采集岩样主要为中细粒斜长花岗岩、中粗粒花岗岩，岩样的矿物粒径由小变大。

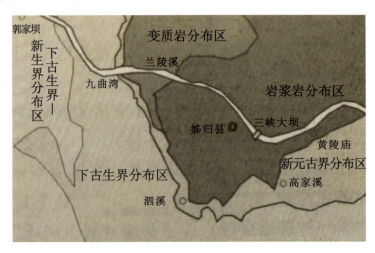

图 2-2　秭归地区三大岩石分布概况图

为研究不同地区花岗岩热学、力学性质的差异并检验已建立数学模型的准确性及普遍性，2017 年 11 月于青海省共和县恰卜恰镇上沟后水库采集露头花岗岩岩样，由于地理位置因素、气候因素等的影响，共和盆地露头花岗岩比较致密均匀，含水量较少，符合干热岩的物理特性。

2.1.1.2　岩样加工处理

将采集的 10 块岩样，每块加工成 50 个直径 50mm×长 10～20mm 的圆柱体和 10 个直径 50mm×长 50mm 的圆柱体，如图 2-3、图 2-4 所示。

选取 5 个加热温度点，即室温 25℃，200℃，300℃，400℃，500℃，每个温度点均有 10 个不同的样品。利用 SX 系列实验室用箱式高温炉（图 2-5）对岩样进行加热，分为 3 步：第一步，以稳定的升温速率升至设定温度值；第二步，恒温 2 个小时；第三步，冷却到 25℃。

§2 热固耦合作用下地热储层花岗岩导热性能研究

图 2-3 采集岩样原始照片

图 2-4 岩样加工照片

图 2-5 SX 系列实验室用箱式高温炉

2.1.2 矿物成分分析实验

将采集的岩样取一小部分研磨成 200 目且大于 0.5g 的粉末，采用德国 Bruker AXS D8-Focus X 射线粉晶衍射仪对岩样进行矿物分析。该仪器光源采用陶瓷光管，质量小、寿命长、强度衰减小。X 射线粉晶衍射仪能进行粉末物质物相定性和定量分析，而且能测定纳米物质晶粒的大小。

2.1.2.1 X 射线粉晶衍射仪的工作原理

X 射线衍射仪的工作原理是：当一束单色 X 射线入射到晶体时，由于晶体是由原子规则排列成的晶胞组成，这些规则排列的原子间的距离与入射 X 射线波长有相同数量级，故由不同原子散射的 X 射线相互干涉，在某些特殊方向上产生强 X 射线衍射，衍射线在空间分布的方位和强度与晶体结构密切相关。这就是 X 射线衍射的基本原理，如图 2-6 所示。衍射线空间方位与晶体结构的关系可用布拉格方程表示：

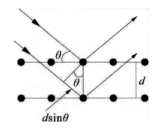

图 2-6 粉晶衍射示意图

$$2d\sin\theta = n\lambda \quad (2-1)$$

式中，d 为结晶面间隔；θ 为衍射角；n 为整数；λ 为 X 射线的波长。

2.1.2.2 实验结果

对所采集岩样取小块研磨成 200 目，采用 X 射线粉晶衍射仪（XRD）对岩样矿物成分进行半定量分析。X 射线衍射实验环境条件：温度 24℃，湿度 36%。

X 衍射试验结果如表 2-1 所示。

表 2-1 秭归岩样岩石矿物成分含量　　　　　　　　　单位：%

编号	石英	钠长石	绿泥石	角闪石	伊利石	钾长石
第 1 组	17.02	54.01	1.69	4.06	26.67	—
第 2 组	18.76	48.77	12.00	6.86	3.32	10.29
第 4 组	11.32	87.66	—	—	1.02	
第 6 组	19.78	66.60	5.49	5.74	2.40	
第 7 组	18.95	68.21	8.39	1.03	3.43	
第 8 组	14.80	56.91	5.71	—	1.09	21.48
第 9 组	20.82	47.08	—		4.08	28.01
第 10 组	13.49	56.51	0.41		1.00	28.59

部分岩样衍射图谱如图 2-7 所示。

2.1.3 纵波波速检测实验

岩样加工尺寸为直径 5cm×长 5cm。实验仪器采用 RSM-SY5 型声波检测仪，该仪器主要利用声波在介质中的传播特性来提取有效信息。在声波探测中，声波信息的利用至今仍不很完善，因纵波较易识读，故当前主要利用纵波进行波速的测定。岩样加热前，测量每块

§2 热固耦合作用下地热储层花岗岩导热性能研究

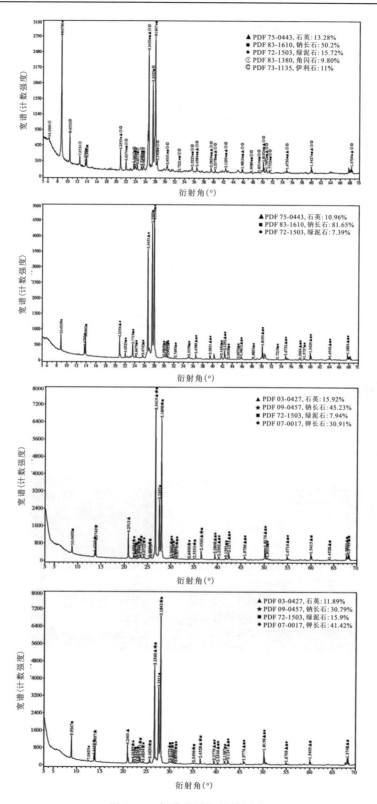

图 2-7 部分岩样衍射线图谱

岩样的纵波波速,得到初始状态下岩样的波速值。岩样加热至设定的温度值后自然冷却,进行纵波波速实验,测得相对稳定状态的纵波波速值。

2.1.3.1 RSM-SY5型声波检测仪的工作原理

RSM-SY5型声波检测仪的特性参数主要是波速、振幅、频率、波形等,声波检测原理如图2-8所示。由于岩样的岩性、结构面情况、风化程度、应力状态、含水情况等地质因素都能引起声波波速、振幅和频率发生变化,因此可以通过接收探头所接收的特性参数了解岩样的情况并求得岩样某些力学参数(如泊松比、动弹性模量、抗压强度、弹性抗力系数等),以及其他一些工程地质性质指标(如风化系数、裂隙系数、各向异性系数等)。

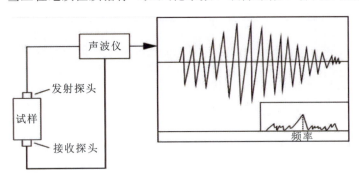

图2-8 RSM-SY5型声波检测仪原理图

RSM-SY5型声波检测仪由发射-接收系统和数据分析系统组成。仪器自动处理声波波形与相关数据,仍需借助PC端声波仪检测程序进行操作并显示结果(图2-9)。检测程序主界面与设置界面如图2-10所示。

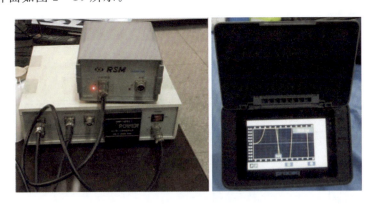

图2-9 RSM-SY5型声波检测仪

2.1.3.2 实验仪器操作步骤

RSM-SY5型声波检测仪主要包括发射机、平面纵波探头、纵波耦合剂、校零标准块等部分。具体实验步骤如下。

(1)装置连接:将发射、接收端口与对应探头正确连接,并用专用数据线连接仪器与电脑。

(2)校零:打开波速仪,安装纵波探头,涂抹纵波耦合剂,将两个探头对准,读出波速通过探头所需时间,完成校零操作。

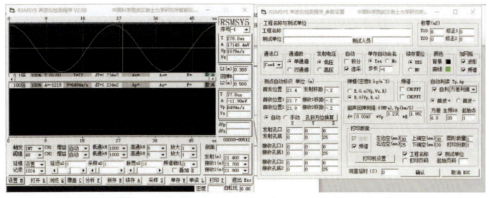

图 2-10　检测程序主界面与设置界面

（3）设置参数：设置波速仪的跨距、延迟、脉宽、通道数、发射电压等参数，如图 2-9 所示。

（4）岩样波速测试：在两探头表面涂抹耦合剂，压紧探头与岩样端面，使其接触良好，时刻观察波速仪界面变化，待波形稳定时暂停并保存波形图，记录纵波传播时间。

2.1.3.3　波速测量结果

在测量过程中，采集到反射波的震荡优势频率 f 和震荡周期 T，从而计算出波的单程时长 $t=T/2$，已知岩样长 50mm，故所测岩样的纵波波速值 $v=0.05/t$。

所得到的纵波波速测试值见表 2-2。

表 2-2　纵波波速测试值

加热温度	25℃	200℃	300℃	400℃	500℃
纵波波速平均值（m/s）	3352	2831	2253	2042	1246

将纵波波速与加热温度的关系绘制成曲线，并将未加热岩样的纵波波速测试值与各温度下的纵波波速测试值相减得到各温度下的纵波波速测试值的减小率，将该量与加热温度的关系绘制于同一图中，如图 2-11 所示。

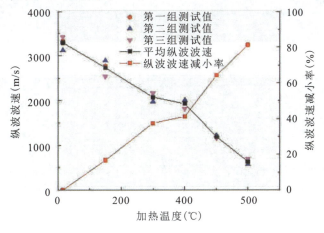

图 2-11　纵波波速及其减小率与加热温度的关系

不同温度下，岩样的纵波波形图如图 2-12 所示。

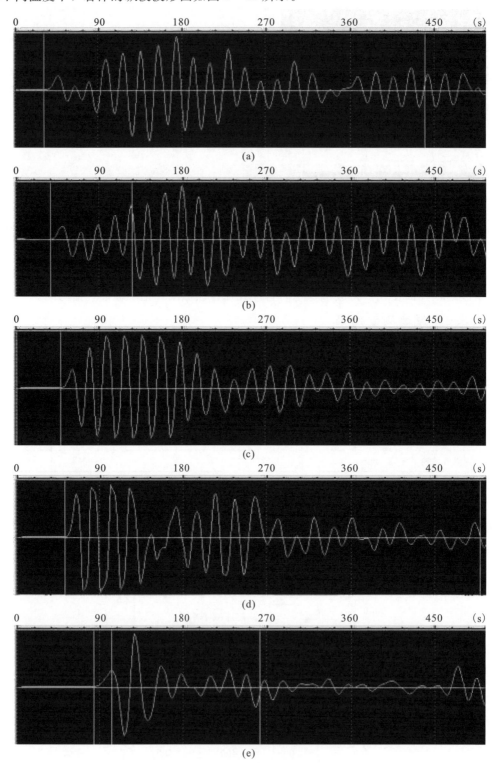

图 2-12　各温度下岩样声波波形图
(a) 25℃；(b) 200℃；(c) 300℃；(d) 400℃；(e) 500℃

2.1.4 微观形貌观测实验

2.1.4.1 扫描电镜的工作原理

扫描电子显微镜（SEM）的工作原理是利用聚焦的高能电子束扫描样本，从而激发出各种物理信息。经过接受、放大和显示成像，得到岩样的表面形貌结果。扫描电镜有很多优势：①有较高的放大倍数，20～20万倍之间连续可调；②有很大的景深，视野大，成像富有立体感，可直接观察各种试样凹凸不平表面的细微结构；③对样品制备的要求不是很高。目前的扫描电镜都配有 X 射线能谱仪装置（图 2-13），这样可以同时进行显微组织形貌的观察和微区成分分析，所以说，SEM 是当今十分有用的科学研究仪器。

图 2-13 环境扫描电子显微镜

扫描电镜是 19 世纪 60 年代发明的较现代的细胞生物学研究工具，但是近年来把扫描电镜技术应用于岩石的微观形貌分析对微观结构的观测意义极大，根据观测到的微观断口形貌，可推断得出岩石的结构破坏特征（Zeng et al, 2016）。

2.1.4.2 扫描电镜实验过程及结果

将高温处理后的 10 组岩样取一小块，加工成约 1cm³ 的方块（图 2-14），采用 Quanta200 环境扫描电子显微镜进行扫描观察。

具体实验步骤如下：

（1）将加工后的试验样品放置于显微镜观察舱的相应点位并固定，推入舱室指定位置，抽取舱内空气使其压强达到实验标准，启动操作程序进行观察。

（2）移动镜头位置以选择合适的观察点位，设定放大倍数并调整焦距及对比度，使视野清晰，找到岩石微观结构断裂位置进行拍照并保存。

图 2-15 为高温后花岗岩样品在扫描电镜下放大 40 倍的微观状态。室温下，样品表面结构较完整，微裂纹稀疏且延伸长度短，局部有微孔洞；温度在 200℃下，样品表面微裂纹增加，数目增多，延伸长度变大，微

图 2-14 扫描电镜实验样品

孔洞数量有少量增加；温度在 300℃下，微孔洞数量显著增加，且裂纹从少到多、由短变长，裂纹间隙明显变大。视野中出现 2 块亮度很高的部分，表明此时的样品导电性减弱；温度在 400℃、500℃下，观察到样品表面更加破碎，微裂纹纵横交错，宽度进一步加大，花岗岩内部的原始微孔洞直径逐渐变大，裂纹已经发展连通，同时伴随着脱水、熔融、分解等物理化

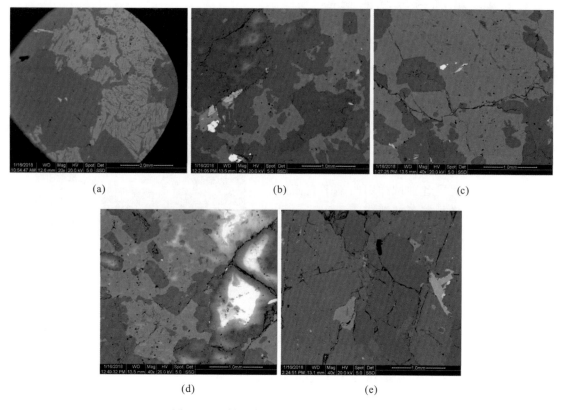

图 2-15 样品在 40 倍下的扫描电镜照片
(a) 25℃；(b) 200℃；(c) 300℃；(d) 400℃；(e) 500℃

学反应的发生，新孔洞开始发育并增多（Zeng et al，2013）。

图 2-16 为高温后花岗岩样品在扫描电镜下放大 400 倍的微观状态照片。400 倍下的扫描电镜观察范围较小，却能得到样品更为详细的微观形貌变化及微裂纹发展情况，主要观察裂纹的长度、宽度和孔洞大小的变化等。室温下，样品表面平整，微空洞较发育，几乎没有发现微裂隙；温度在 200℃下，从扫描电镜照片可明显看到观测区域内出现多条微裂纹，表面部分区域甚至出现些许破碎；温度在 300℃下，微裂纹宽度增大 2～3 倍，且各微裂纹之间开始连通，部分区域破碎情况进一步加剧；温度在 400℃、500℃下，高倍扫描电镜可以观察到样品表面微裂纹宽度已经逐渐形成沟壑状，并在断口和裂隙周围伴随着一些破碎的颗粒，说明花岗岩在高温作用下矿物晶体间黏土等物质脱水沙化，造成结构松散，部分颗粒脱落。样品表面孔洞的尺寸也越来越大，到 500℃时某些孔洞相互之间已经开始形成连通，花岗岩熔融、分解等物理化学反应强烈，样品结构特性损坏严重。

2.1.5 花岗岩物理性质实验总结

岩石的热导率受温度、压力、矿物成分、孔隙度、含水率、节理裂隙等多种因素的影响。在干热岩体储层中，岩石的矿物成分及其相对含量是影响热导率的决定性因素，温度、压力和孔隙度是主要影响因素，其他因素的影响基本可以忽略。因此，需要测试并分析岩石

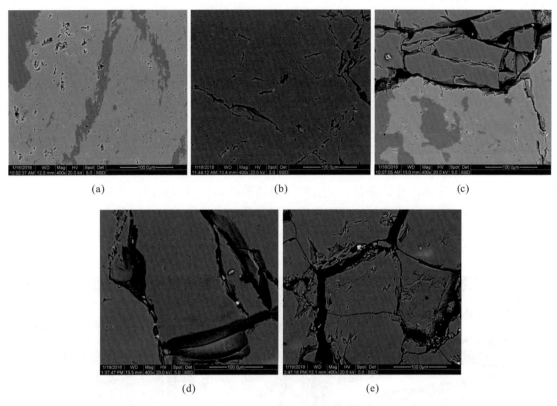

图 2-16　样品在 400 倍下的扫描电镜照片
(a) 25℃；(b) 200℃；(c) 300℃；(d) 400℃；(e) 500℃

的矿物成分、不同高温循环次数、不同孔隙度和不同压力下花岗岩热导率变化情况。

从秭归采集岩样进行加工，同时进行 XRD 分析得到矿物成分分析结果；将岩样经过高温后的扫描电镜实验得到岩样的微观分析结果。经过高温之后，岩体内部会发生热破裂变形破坏，形成肉眼不可见的裂隙。这些裂隙的产生，可能导致岩石热导率、力学性质发生变化。使用扫描电镜观察花岗岩内部裂隙形态及分布情况，得到温度对岩石裂隙和微孔洞扩展的影响关系。

2.2　花岗岩物理性质对热导率的影响研究

岩石的热导率受温度、压力、矿物成分、孔隙度、含水率、节理裂隙等多种因素的影响。Abdulagatova 等（2009）测试了温度在 2～250℃范围内和压力在 0～400MPa 范围内砂岩的有效热导率，研究表明，在较低的压力（0～400MPa）下，砂岩的热导率随温度升高发生急剧增长，但在压力大于 100MPa 以后，微裂隙间产生桥接、晶体颗粒更加紧密，压力对岩石热导率的影响就比较微弱了，故在 100MPa 以后压力对砂岩热导率的影响几乎可以忽略。干热岩储层的围压远大于 100MPa，干热岩岩性主要为花岗岩，其致密程度远大于砂岩，故在此不再研究压力对花岗岩热导率的影响。

干热岩体储层中的岩石是致密的,因此岩石的矿物成分及其相对含量是影响热导率的决定性因素,温度、压力和孔隙度是主要影响因素,其他因素的影响基本可以忽略。因此,需要测试并分析岩石的矿物成分、不同高温循环次数、不同孔隙度和不同压力下花岗岩石热导率变化情况。

2.2.1 花岗岩热导率实验

2.2.1.1 实验仪器

实验采用吉林大学环境与资源学院高温高压水-岩-气作用实验室的 TCS 热导率扫描仪(图 2-17),仪器采用由 Yuri Popov 教授最新开发的光学扫描技术。光学扫描技术是利用聚焦的、可移动的、连续工作的热源,结合红外温度传感器,对研究样品的平面或柱面(沿柱面轴)进行扫描。热导率值的测定是根据标准样品的过高温度与一个或多个未知样品在可移动集中热源加热下的过高温度的比较。未知样品的热导率是通过使用标准热导率值比较过高温度而计算出来的。

图 2-17 TCS 热导率扫描仪

TCS 热导率扫描仪主要包括:①用于放置标准样品和位置样品的平台;②带步进电机的电动扫描仪;③光学探头,包含一个光学热源和两个红外传感器,传感器用于无触点记录加热前后的样品温度(初始温度和过高温度);④电子供应单元;⑤已知热导率的标准样品;⑥用于配合测量和 TCS 处理软件的便携式笔记本电脑,TCS 处理软件用来控制仪器工作和进行数据的处理。

采用光学扫描技术的 TCS 热导率扫描仪具有以下优势:

(1) 无损测量。

(2) 更快、更高效。

(3) 记录非均匀物质中热导率的空间分布。

(4) 扫描一个或两个表面时,各向异性固体的热导率由主要成分决定。

(5) 对试样表面的形状、尺寸和质量没有严格的要求。

2.2.1.2 热导率实验过程及结果

将需测试样品表面涂一圈相互连通的黑漆,使试样表面能够传热均匀,涂刷完毕的试样品需置于阴凉处风干。测试之前,先使用标准试样校准仪器,再将 50 个试样品依次置于 TCS 上测量其热导率值(图 2-18)。热导率实验结果如表 2-3 所示。

图 2-18 试样品涂刷一圈连通的黑漆

表 2-3 不同温度下各岩样的热导率值　　　　　单位：W/(m·K)

组别	室温	200℃	300℃	400℃	500℃
第1组	3.193	2.820	2.703	2.511	2.254
第2组	3.224	2.854	2.715	2.609	2.316
第3组	1.648	1.316	1.302	1.128	0.826
第4组	2.397	2.123	2.107	1.532	1.248
第5组	1.609	1.276	1.181	1.023	0.763
第6组	3.064	2.670	2.514	2.395	1.974
第7组	2.897	2.536	2.501	1.873	1.617
第8组	1.930	1.560	1.469	1.332	0.636
第9组	3.217	2.854	2.691	2.438	2.115
第10组	2.648	2.261	2.128	1.986	1.428

2.2.2　纵波波速与岩石热导率的关系

2.2.2.1　纵波波速与岩石性质表征关系

波速测试实验是由声频弹性波穿过待测样品，得到声频弹波在岩石样品的传播规律与岩石样品内部的关系。岩石内部性质受到矿物成分、孔隙度、风化程度、矿物颗粒大小、变质程度及结构等的影响，得到的声波波速都会有所不同，利用不同的波速值分析得到岩石样品内部的性质特征。

新鲜致密的岩石风化程度较低，其纵波波速较高。风化作用使岩石中的结构面增加，促使其内部原有的矿物分解成次生亲水矿物，各矿物颗粒间由原来的胶结转化为水胶联结，导致纵波在岩石中的传播时间变长、波速变低、波幅减小、吸收衰减变大，声波在风化岩石中的穿透能力也会减弱（Zeng et al，2016）。

在正常情况下，岩石的纵波波速与其密度呈正相关关系。在各岩石类型中，花岗岩的密度最小，纵波波速随岩石密度的增加而变大；变质岩的纵波波速受岩石结构构造影响较大；而沉积岩是多孔介质，其孔隙度及孔隙内填充物对波速的影响最大（Patton，1966）。

2.2.2.2 高温后岩石纵波波速与岩石性质的关系

高温后，岩石的纵波波速、密度、弹性模量及峰值应力均有不同程度的降低，且随着温度的升高，岩石的各物理性质都会有不同程度的变化。高温后，岩石体积增大，内部自由水和结合水逸出，孔隙度增大，裂隙增加，岩石密度减小。

高温后主要有两个原因导致岩石超声波速的变化：①高温后孔隙中的自由水和结合水逸出，孔隙度增大，所以高温后纵波波速迅速减小；②温度升高后，不同矿物成分具有不同的热膨胀率，从而使岩石内部原有裂隙持续扩展，并伴随新裂隙的产生。

根据弹性力学理论，依据实验所得数据得出动弹性模量的关系式：

$$E_\mathrm{d} = \frac{(1+\mu)(1-2\mu)}{1-\mu}\rho v_\mathrm{p}^2 \qquad (2-2)$$

式中，E_d 为动弹性模量；μ 为岩石泊松比；ρ 为岩石密度；v_p 为岩石纵波波速。由应力应变曲线上达到峰值应力前的近似直线段线性拟合而得到的弹性模量，称为静弹性模量，用 E_c 表示。对于花岗岩，高温对纵波波速的影响明显大于对静弹性模量的影响，关系曲线的斜率小于1。根据式（2-2）可得，温度升高，岩石的动弹性模量减小，且温度越高，动弹性模量下降的幅度越大。

2.2.3 矿物成分及其相对含量对热导率影响研究

2.2.3.1 花岗岩主要矿物成分与热导率的关系

从10组岩样中取出其中实验数据相对完整的7组，在室温下岩样的矿物成分分析及热导率实验结果如表2-4所示，岩样中主要矿物长石（钾长石、钠长石）的体积分数为60%～70%，石英为10%～20%。如图2-19所示，岩样的热导率值随着石英与长石体积分数的比值的增大而变大。

表2-4 实验测得的岩样主要矿物成分含量及热导率

所取岩样组别	样品编号	石英(%)	钠长石(%)	钾长石(%)	角闪石(%)	绿泥石(%)	其他(%)	热导率[W/(m·K)]
第4组	S1	11.32	59.12	1.02	10.99	—	17.54	2.397
第10组	S2	13.49	42.61	28.59	—	0.41	14.90	2.648
第1组	S3	17.02	54.01	11.69	4.06	1.69	11.53	2.693
第9组	S4	20.82	47.08	28.01	—	—	4.09	2.813
第7组	S5	18.95	68.21	—	1.03	8.39	3.42	2.897
第2组	S6	18.76	48.77	18.29	2.45	10.13	1.60	3.010
第6组	S7	19.78	61.60	5.40	4.74	2.79	5.69	3.064

2.2.3.2 基于矿物成分的数学模型的建立

由光的传播特性可知，光在同种均匀介质中沿直线传播，光在两种不同均匀介质的接触面上发生折射，此时光的传播速度也要发生变化。

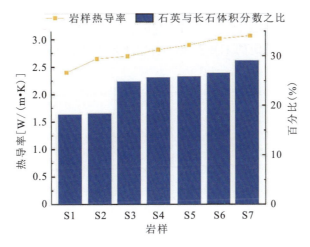

图 2-19　石英与长石体积分数之比与岩样热导率的关系图

岩石是由一种或几种造岩矿物按照一定的方式结合而成的矿物天然集合体。影响岩石热导率的因素较多，为了简化问题，突出影响干热岩（花岗岩）热导率的几个主要因素，作如下假设：

（1）将岩样各矿物成分体积分数转化为相同面积的平面的厚度 δ，如图 2-20 所示，第一层厚度 δ_I 代表石英的体积分数，相应地，δ_II、δ_III、δ_IV 分别代表长石、角闪石、绿泥石的体积分数。

（2）将岩石孔隙度和水饱和度的影响计入表 2-4"其他"中，取空气、水（25℃）、黏土的平均热导率值 $1.04\mathrm{W/(m \cdot K)}$，作为表 2-4 中"其他"的热导率。

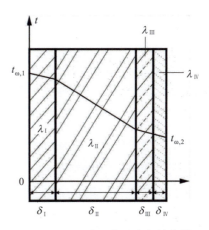

图 2-20　预测岩石热导率的转化模型

最简单的一维稳定导热是"大平壁"在没有热源情况下的稳定导热，根据傅里叶定律，得到平壁导热稳定导热的热流密度为：

$$q = -\lambda \frac{\mathrm{d}t}{\mathrm{d}x} = \lambda \frac{t_{\omega,1} - t_{\omega,2}}{\delta} = 常量 \qquad (2-3)$$

式中，$t_{\omega,1}$、$t_{\omega,2}$ 分别为岩石左右两侧温度；λ 为岩石热导率；δ 为岩石厚度。于是有：

$$\frac{\mathrm{d}}{\mathrm{d}x}\left(-\lambda \frac{\mathrm{d}t}{\mathrm{d}x}\right) = -\lambda \frac{\mathrm{d}^2 t}{\mathrm{d}x^2} = 0 \qquad (2-4)$$

积分解得：

$$t = C_1 x + C_2 \qquad (2-5)$$

首先以 Ⅰ、Ⅱ 两层平壁传热为例，假设已知 $t_{\omega,1}$、$t_{\omega,2}$、λ_I 和 λ_II，以及两层的厚度 δ_I 和 δ_II，在 $x=\delta_\mathrm{I}$ 交界面上给出边界条件一致，即给出相互紧密接触的两固体的热导率 λ_I 和 λ_II，在交界面上两物体的温度在任何时刻必须相同，热流密度也相同，根据式（2-3），于是有：

$$x=\delta_\mathrm{I} 时，t_\mathrm{I} = t_\mathrm{II}$$

$$-\lambda_{\text{I}} \frac{dt_{\text{I}}}{dx}\bigg|_{x=\delta_{\text{I}}} = -\lambda_{\text{II}} \frac{dt_{\text{II}}}{dx}\bigg|_{x=\delta_{\text{II}}} \qquad (2-6)$$

交界面温度 t_{I} 是一个待定的未知温度。若第Ⅰ层的内侧面和第Ⅱ层的外侧面都给出边界条件：

$$x = 0 \text{ 时}, t_{\text{I}} = t_{\omega,1} \qquad (2-7)$$

$$x = \delta_{\text{I}} + \delta_{\text{II}} \text{ 时}, t_{\text{I}} = t_{\omega,1} \qquad (2-8)$$

根据式（2-5），可得第Ⅰ层和第Ⅱ层各自的温度分别为：

$$0 \leqslant x \leqslant \delta_{\text{I}} \text{ 时}, t_{\text{I}} = C_{1\text{I}} x + C_{2\text{I}} \qquad (2-9)$$

$$\delta_{\text{I}} \leqslant x \leqslant \delta_{\text{I}} + \delta_{\text{II}} \text{ 时}, t_{\text{II}} = C_{1\text{II}} x + C_{2\text{II}} \qquad (2-10)$$

联立式（2-6）～式（2-10），可求得式中积分常数 $C_{1\text{I}}$、$C_{2\text{I}}$、$C_{1\text{II}}$、$C_{2\text{II}}$。

于是得：

$$q = -\lambda_{\text{I}} \frac{dt_{\text{I}}}{dx} = \frac{t_{\omega,1} - t_{\omega,2}}{\dfrac{\delta_{\text{I}}}{\lambda_{\text{I}}} + \dfrac{\delta_{\text{II}}}{\lambda_{\text{II}}}} \qquad (2-11)$$

根据"热路"原理，式（2-10）可直接由串联热阻相加原则延伸为由 n 层组成的多层平壁，则：

$$q = -\lambda_{\text{I}} \frac{dt_{\text{I}}}{dx} = \frac{t_{\omega,1} - t_{\omega,2}}{\sum_{i=1}^{n} \dfrac{\delta_i}{\lambda_i}} \qquad (2-12)$$

联立式（2-3）和式（2-12），解得：

$$\lambda = \frac{\delta}{\sum_{i=1}^{n} \dfrac{\delta_i}{\lambda_i}} \qquad (2-13)$$

由于 $\delta = \sum_{i=1}^{n} \delta_i$，则 $\delta = 1$，于是：

$$\lambda = \frac{1}{\sum_{i=1}^{n} \dfrac{\delta_i}{\lambda_i}} \qquad (2-14)$$

2.2.3.3 数学模型的检验

表 2-5 中，石英的热导率为 7.69W/(m·K)，钾长石、钠长石的热导率分别为 2.3W/(m·K)、2.34W/(m·K)。岩样中长石的含量高，但热导率值偏低；石英的含量中等，但其热导率值较高。所以长石和石英的相对含量主导着岩石热导率的变化，如图 2-21 所示，长石与石英体积分数的比值越大，岩样热导率越高。由前述内容可知，λ_i 值越大，则分母 $\sum_{i=1}^{n} \dfrac{\delta_i}{\lambda_i}$ 的值越小，从而岩样热导率 λ 越大；而 δ_i 值越大，则分母 $\sum_{i=1}^{n} \dfrac{\delta_i}{\lambda_i}$ 值越大，相应地，岩样热导率 λ 越大。λ_1，λ_2，…，λ_n 之间相互独立，而 $\sum_{i=1}^{n} \delta_i = 1$，$\delta_1$，$\delta_2$，…，$\delta_n$ 之间相互影响，这与图 2-21 实验所得规律相吻合。

图 2-21 中横坐标上依然按照岩样石英与长石体积分数的比值从小到大排列，热导率预测值整体也呈现增长趋势，并且随着其比值的增大，岩样热导率实测值与预测值之间的误差也逐渐减小，更进一步说明长石和石英的相对含量主导着岩石热导率的变化趋势。影响岩样

热导率的因素有很多，如矿物成分、孔隙度、天然裂隙、孔隙水、测量误差等，矿物成分虽是主导因素，但仅依据矿物成分只能得到精确的岩石骨架的热导率预测值。

表 2-5 常见造岩组分的热导率

组分	热导率 [W/(m·K)]	组分	热导率 [W/(m·K)]
石英	7.69	云母	2.03
钾长石	2.3	角闪石	3.46
钠长石	2.34	绿泥石	5.15
斜长石	1.53	橄榄石	4.57
空气	0.026	水（25℃）	0.59
黏土	1.28	—	—

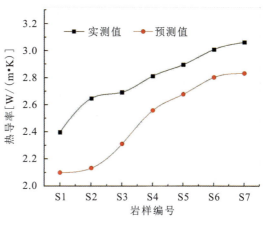

图 2-21 岩样热导率实测值与预测值比较图

2.2.4 高温后花岗岩热导率实验研究

2.2.4.1 高温后裂隙形态及分布

增强地热系统水平井同一深度、固定半径范围内，岩体矿物成分和所受围压变化不大，所以井筒周围岩体温度的变化将对岩体热导率产生重要影响。对采集花岗岩岩样进行高温处理后，进行扫描电镜实验来具体分析岩裂隙形态变化及分布情况。

通过对高温后花岗岩样品在扫描电镜下放大 40 倍和 400 倍微观状态的对比分析可知，原始状态的花岗岩结构完整且致密，含有极少量的孔洞，微裂隙也不很发育，但在经过高温处理后其内部结构随加热温度的升高而发生不同程度的变化。

岩石受热后（主要是 200～300℃），由于其内部各种造岩矿物颗粒的热膨胀系数不同，岩石内部产生热应力并产生裂缝；在热应力作用下岩石的内部裂缝逐渐扩展，裂缝相互连通形成裂缝网络，从而引起储层岩石物理性质（孔隙度、渗透率等）的改变。高温后，岩石内部普遍出现裂隙扩张、微孔洞的现象，但温度在 400℃、500℃后，岩石的整体结构虽然还算完整，但微裂隙宽度增加明显，并且在扫描电镜下甚至观察到有较深的沟壑，另外逐渐增多、变大的微孔洞也开始出现连通形成裂隙。温度在 200℃、300℃时，样品出现的裂隙形态及内部结构变化主要是内部水分散失所造成的；温度在 400℃、500℃时，由于花岗岩熔融、分解等物理化学反应强烈，样品结构特性遭到损伤导致样品形态的变化。使花岗岩发生相态转变而引起物理力学产生较大变化的阈值温度介于 400～500℃之间。这种由热应力引起的岩石破裂称为岩石热破裂。这些也在 Sun（2018）研究的"砂岩在高温处理后的热性能"中得到证实，Sun 指出在室温至 200℃和 200～400℃时，砂岩热学性质的变化主要是由内部自由水、结晶水和结构水的逸出所造成；而在 400～600℃，特别是在 500～600℃时，砂岩成岩矿物发生剧烈热反应，这才造成了砂岩孔隙度的增加、热导率和热扩散率的减小以及比热容的变化。Geng 等（2018）在研究砂岩热扩散系数随温度的变化规律中也提出，在 300～600℃之间，砂岩中矿物的热反应加剧了微裂缝的发育，削弱了砂岩的热扩散系数。

2.2.4.2 高温后热导率变化规律

Abdulagatova 等（2009）测量了温度范围 2～250℃，压力 400MPa 以上干砂岩的有效热导率，建立了固定压力下的砂岩热导率随温度变化预测模型。Guo 等（2017）的研究结果表明，当温度高于 0℃时，砂岩热导率随温度升高呈现渐进式下降趋势。Geng 等（2018）认为高温加热后，热扩散率下降的主要原因有两个：矿物组成的变化，由热应力引起的物理化学反应和化学反应。砂岩的热扩散率随温度的升高而减小，一旦温度超过临界值，则趋于恒定。温度在 25～300℃时，热扩散率减少的主要原因是附着水、束缚水和结构水的逸出。温度在 300～600℃之间，砂岩矿物的热响应增加了微裂纹的发展，导致砂岩的热扩散率降低。岩石的热导率与热扩散率成正比，故砂岩热导率随温度变化规律与上述相同。陈振鸣等（2016）通过高温油浴试验，获得了花岗岩常规试样与干燥试样在 25～150℃时的热传导系数的变化规律，认为温度越高岩石热传导系数减小得越快。贺玉龙等（2013）认为花岗岩热导率随温度的升高而缓慢下降，两者之间存在负相关的线性关系，而砂岩热导率随温度的升高变化很小。目前，国内外学者研究温度对砂岩热导率的影响比较多，对花岗岩却少有研究，研究温度范围多在 300℃以下，并且研究多为规律性描述，缺少数学理论分析以及可以量化的研究结论。

经高温热处理后，测得 10 组试样的热导率的变化，如图 2-22 所示。实验结果都显示了一个规律：随着温度的升高花岗岩的热导率呈现降低的趋势，在 400～500℃，第 1、2、3、6、8、9、10 组试样热导率降低幅度明显变大；第 4、7 两组岩样甚至在 300～400℃时热导率值的变化率就出现了拐点，热导率降低明显；第 8 组试样在 400～500℃时的变化率最大，其在 500℃时的热导率值甚至接近于 0.6，参照 500℃扫描电镜结果可知其原因可能是第 8 组试样在经过 500℃高温处理后花岗岩内部孔洞直径逐渐变大，岩石的内部裂缝极为发育，裂缝相互连通形成裂缝网络，同时伴随着脱水、熔融、分解等物理化学反应的发生，某些矿物发生相变，矿物导热性能降低，综合孔隙度、裂隙和矿物变化最终致使第 8 组试样 500℃下热导率值偏低。

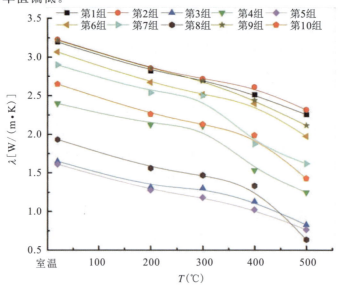

图 2-22 不同高温处理后 10 组试样的热导率变化图

Sun（2016）研究了25～900℃高温砂岩试样的热导率、热扩散系数和比热容等热学性质的变化，其砂岩热导率随温度变化规律与本实验花岗岩岩样结果基本一致。在25～200℃时，砂岩热导率随温度迅速下降。在200～400℃范围内，热导率略有下降，但下降幅度不大。然而，当温度高于450℃时，砂岩热导率下降幅度显著增加。在25～400℃时，砂岩热扩散率变化与热导率基本保持一致；在大约600℃以上，热扩散系数基本保持不变。在25～200℃时，砂岩比热容随温度的升高而迅速增大。在200～600℃范围内，其比热容浮动变化，但整体是相对稳定的。然而，当温度高于600℃，比热容值有明显下降。Hong（2012）研究发现，砂岩的孔隙度的总体趋势是随高温处理温度的升高而增大。在300℃以下，孔隙度的增量很小，但300℃以后，孔隙度增量变得显著。对于初始孔隙度较小的岩石增量尤为显著。

岩石是由具有不同热膨胀系数和热弹性的矿物颗粒组成，高温可能导致矿物颗粒不均匀热膨胀、热反应或者矿物相变，从而在岩石内部产生内应力和微裂纹。基于岩石内部发生的这些变化，可以将温度对岩石热导率甚至于热学性质的影响归结为由温度引起孔隙度变化和矿物相变实现的，所以在对温度与岩石热导率关系进行量化研究时，在室温至400℃主要研究孔隙度值变化与热导率的量化关系，在400℃以后综合孔隙度值和矿物相变的影响研究量化关系。

Sun（2016）通过分析实验结果给出了孔隙度与温度之间关系的经验公式：

$$n = 7.96677 - 0.00252T + 8.32664 \times 10^{-6} T^2, R^2 = 0.81 \quad (2-15)$$

式中，n 为孔隙度；T 为温度。

图2-23为Abdulagatova（2009）在各温度下岩石热导率实测值与各模型预测值的比较图，其中编号4为实测值曲线，一些经验预测模型1、2、3在高温下拟合性较低（误差为4%～11%），而模型5、6、7与其实验数据有较好的吻合（误差范围在1%～2%），特别是模型5能够极好地预测高温后岩石的热导率。

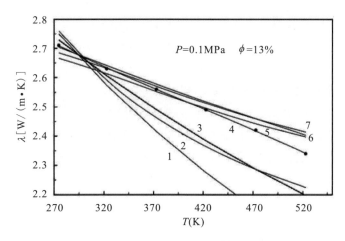

图2-23　标准大气压下实测值和温度函数预测值比较（据Abdulagatova，2009）

由分散体系电导率和电容的数学模型进一步研究得到式（2-16），此热导率数学模型适用于分散相的非均匀体系。

$$\frac{\lambda_e}{\lambda_s} = \frac{(1-\phi)(1-r)+r\beta\phi}{(1-\phi)(1-r)+\beta\phi}, \quad r = \frac{\lambda_f}{\lambda_s} \tag{2-16}$$

式中，λ_e 为有效热导率；λ_s 为固体颗粒热导率值（可用 2.2.3 节中基于矿物成分数学模型代替）；λ_f 为流体热导率（即为液体热导率）。温度在 400~600℃ 范围内时，成岩矿物发生剧烈的物理化学反应，内部孔洞直径逐渐变大，岩石的内部裂缝极为发育，裂缝相互连通形成裂缝网络，$\beta \to \dfrac{(1-r)(1+2r)}{3r}$；温度在 200~400℃ 范围内时，岩石矿物中晶体水和结构水逸出（但晶体水和结构水含量很少），孔隙度略有增加，微裂隙些许发育，$\beta \to \dfrac{3(1-r)}{2+r}$；温度在室温至 200℃ 时，岩样中自由水和结合水逸出，微孔洞为针孔状，岩石矿物颗粒膨胀，随着水分的散失，岩石热导率值迅速下降，$\beta \to \dfrac{(1-r)(5+r)}{3(1+r)}$；当 $\dfrac{\lambda_f}{\lambda_s} \to 0$ 时，有 $\dfrac{\lambda_e}{\lambda_s} = \dfrac{(1-\phi)}{(1-\phi)+\beta\phi}$。

2.2.5 压力对热导率影响关系

2.2.5.1 压力作用下岩石内部结构变化分析

天然岩石是由多种矿物、孔隙（裂隙）和水组成的集合体，不同性质的岩石其矿物种类及含量不同，但孔隙度和含水率是不确定因素，因此同种岩石热导率值有时可能差距很大。干热岩储层的岩石含有少量水或者不含水，故可忽略含水率的影响。在干热岩储层，除了矿物成分，压力的影响是引起热导率变化的主要原因，岩石在压力作用下，孔隙度随压力的大小而发生不同程度的变化，并引起岩石热导率的变化。

在压力的作用下，岩石内部的孔洞变小，裂隙宽度减小从而使得岩石更加密实，晶格振动过程中的能量转移得到加强；其矿物颗粒间的分布排列更加紧密，岩石的相结构逐渐趋于单一，进一步使得岩石骨架的热传导能力得到提高。若只有轴压作用时，随着压力的增加，岩石内部将出现新的裂隙，导致岩石热导率的减小。但在干热岩储层中，岩石受到的是围压的作用，受压岩石不会出现垂直于受压方向的变形（Mandelbrot，1983）。

2.2.5.2 岩石热导率随压力变化规律

一般情况下，随着压力逐渐增大，岩石的热导率也随之变大，岩石的结构越疏松，压力对其热导率的影响程度就越明显。陈振鸣等（2016）通过实验研究得出，花岗岩的热导率随轴向应力的增加而呈非线性增大的趋势，并且在单轴应力增加的过程中，孔隙度越大的岩石热传导系数增加得越快。

Abdulagatova 等（2009）研究了岩石在 0~400MPa 范围内岩石热导率的变化情况，具体为：在较低的压力（0~100MPa）作用下，岩石热导率随温度的增长呈现急剧增长的态势；当压力大于 100MPa 时，压力对热导率的影响就显得比较微弱了。深入研究发现 80~100MPa 之后，岩石内部微裂隙出现桥接、晶间颗粒更加紧密，最终使孔隙度减小到某一值后不再变化，所以压力对热导率的影响可忽略。实验结果表明，由于岩样内部微裂纹的闭合、萌生和扩展，侧向热导率随轴向应力的改变呈非线性变化。

干热岩储层的岩石受到围压的作用，压力增大对干热岩储层岩石热导率的影响只在热导率值升高阶段，压力减小，岩石内部发生桥接的微裂隙重新张开，晶间颗粒变疏松，其热导率值也将随之降低，但微裂隙和晶间颗粒不能恢复受压前的状态，因此热导率值也比前偏高。

2.3 热固耦合作用对传热性能的影响研究

干热岩是指赋存于地下的不含流体或者含少量流体的高温岩体，通过人工致裂建造成增强地热系统（EGS）开采出储存在干热岩中的热量，可用以发电。干热岩中可以开采的地热能称之干热岩型地热资源。干热岩地热开发通常是在3~10km深度的高温岩层中，通过水力压裂等人工致裂的方式形成一个可进行流-固热交换的场所，即具有高渗透性的裂隙网络。开采地热能时，通过向注水井中注入低温水与周围岩石提取热量，取出的高温、高压水或水汽混合物，在地面发电厂用于直接发电，再将提取出的热水或水汽混合物净化后回灌至地下热储中，从而达到循环利用的目的（Orey，1970；Berry et al，1980）。

2.3.1 热固耦合作用下储层导热性能评价

增强地热系统是从地下深埋的岩石中获取地热，通过注水井将冷水加压等致裂方法建立高渗透性的裂隙体系（人工热储），冷水（或者其他取热介质）流过热储，渗进岩层缝隙吸收热量，再通过生产井将温度达200℃以上的水或蒸汽提取到地面用以发电（Kulatilake et al，2006）。

增强地热系统中最主要的部分就是储层的导热和流体的对流传热过程，那么所选目标储层导热性的优劣，直接影响到注水井从储层岩体中带走热量的取热效率，甚至在某种程度上会影响到干热岩储层的开发利用年限。

当温度在室温至200℃，压力小于100MPa时，压力对导热性起主导作用，现阶段对干热岩的开发利用基本温度都在200℃以内，开采深度也在3km左右，也即以压力起主导作用的工况。这里的高温作用致使矿物颗粒膨胀减少了颗粒间隙，从而使岩体更加密实，降低了孔隙度，此时温度和压力产生的热固耦合作用对岩体的导热性功能均起到积极的促进作用。当温度和压力不在上述压力起主导作用的范围（温度在室温至200℃，压力小于100MPa）时，可以使用温度主导作用下的数学模型，但此时的数学模型缺少实验数据的验证，故准确度存在误差，仍需要实际条件下的数据来调整数学模型中的某些参数与系数。

利用评价储层岩土体导热性能的热导率数学模型，代入储层岩体的矿物成分、压力、温度、初始孔隙度等参数可以得到热固耦合下的岩体热导率，通过对比分析热导率大小、钻井经济性、储层体量等因素可选定最为合适的增强地热系统目标储层位置。

2.3.2 热固耦合作用机理概述

2.3.2.1 热固耦合对储层岩体作用的分析

干热岩储层一般埋深在地下3~10km处、温度超过180℃的高温岩体，且因为有地应力的存在，储层岩体还受到相当的压力的影响。高温高压的影响是研究干热岩储层岩体热学性质的难点和关键点，所以分析温度和压力对储层岩体的综合作用的影响因素，对研究储层岩体热导率尤为重要。

众所周知，岩石的热物性等受到多种因素的影响，外在影响因素主要是温度、压力的影响，内在影响因素主要是矿物成分、孔隙度、微观结构（孔洞的大小、形状和分布）、含水率、孔隙流体性质等。外在影响因素对岩石热物性产生作用是通过改变内在影响因素实现的。

高温后岩样的物理性质及力学性质都将发生变化，随着岩样内自由水和结合水的逸出，岩样质量、密度减小，体积膨胀。这些物理参数的变化是由热应力引起的内部结构变化。由于岩石是由具有不同热膨胀系数和热弹性特征的矿物颗粒组成，高温可能导致矿物颗粒的热膨胀不均匀，从而在岩石内部产生内应力和微裂纹。一般来说，由于物体的几何形状或外部的限制，温度变化引起的热膨胀或收缩不能在所有方向上自由地发生，导致不协调变形的出现，从而引起热应力的产生。当热量从热源传递到岩石材料时，岩体内的温度升高。岩石在高温下可能表现出黏滞行为，由此产生的温度梯度可能引起不协调的变形和热应力，导致热破裂甚至结构破坏（张亚衡等，2005）。

2.3.2.2　热固耦合作用机理

岩石是典型的非均质多孔介质，具有各向异性，为反映出这种非均质性引起的温度效应，通过引入温度对材料的影响因子来描述这一温度效应对岩石产生作用的微观过程（冯夏庭等，1999），影响因子 $F(T)$ 定义如下：

$$F(T) = \frac{E_0 - E_T}{E_0} \tag{2-17}$$

式中，E_T，E_0 分别为温度 T 时和室温时的弹性模量值。由式（2-17）可得不同温度时的影响因子变量值，见表 2-6。

表 2-6　不同温度下的影响因子

温度（℃）	$F(T)$	温度（℃）	$F(T)$	温度（℃）	$F(T)$
25	0	200	0.04	300	0.19
415	0.48	586	0.94	612	0.98

表 2-6 中各温度下影响因子的差异，其主要原因在于花岗岩各矿物成分间膨胀系数各不相同，在较低的温度下岩石的微孔洞受到挤压，从而使岩石结构更加完整且致密。根据影响因子与温度关系的拟合方程：

$$F(T) = 6.8e^{-3} - 1.7e^{-3}T + 1.07e^{-5}T^2 + 8.77e^{-9}T^2 \tag{2-18}$$

由式（2-17）和式（2-18）可得用弹性模量表示的温度对于材料影响关系为：

$$E_T = E_0[1 - F(T)] \tag{2-19}$$

温度变化产生的热应力使岩石矿物颗粒产生不同程度的膨胀，岩石内部出现裂隙的扩张和孔隙度的增大，而储层围压的作用增加了裂纹抗变形的能力，特别是抑制次生拉裂纹的产生和限制了裂隙的扩张，同时使矿物颗粒间隙更加紧密。但是压力的作用并不能消除裂隙的存在，也不能减少微孔洞的数量，更不能阻止岩石矿物在高温下发生的一系列化学反应，压力只在物理层面上促进或者抑制了温度对储层岩体产生的影响作用。当温度降低时，矿物颗粒收缩，在围压作用下高温产生的裂隙宽度变小；当温度升高时，矿物颗粒不均匀膨胀，岩石内部产生热应力并产生裂隙，温度越高，在热应力作用下岩石的内部裂隙越扩展，最后裂隙相互连通形成裂隙网络，围压能够抑制裂隙宽度的扩张，不能阻止裂隙数量的增长。但是，围压能使裂隙数量和裂缝宽度稳定在某一程度，从而使温度对岩石的热学性质的影响达到平衡（陈乃明等，1995）。

目前学术上公认的热固耦合作用机制主要是以下两点：

（1）干热岩储层中热量被取出，岩体内温度场发生变化，不仅影响岩体的物理力学性质，导致岩石内部结构和强度的变化。温度的变化也会在岩体内部产生热应力，从而引起岩体原有应力场发生变化。

（2）岩体在围压的作用下，会促使岩体内部裂隙的闭合，当裂隙内部不存在流体介质时，裂隙的变化将会对岩体导热形成一定程度的影响，也会使岩石热导率发生变化，从而导致岩体温度场的变化。

干热岩储层岩体的温度场与应力场之间相互影响，形成一种耦合的状态，任何一个场的变化都将对另外一个场产生影响。在增强地热系统（EGS）取热过程中，主要涉及干热岩储层岩体温度的多次降温升温的过程，即高低温循环。此时干热岩储层的工况条件为：储层岩体温度降低后，在围压作用下岩石内部发生结构变化与化学反应；多次高低温循环后，储层岩体在围压作用下发生物理化学反应。

2.4 热固耦合作用下储层岩体的热导率数学模型

2.4.1 模型工况条件及原理介绍

在多孔岩石中，热量通过3个途径进行传播：固相和固相间的热传导，穿透孔隙的热辐射以及固相和液相间的热对流（王贵玲等，2017）。不同温度和压力作用下，这3种热量传播方式的传播效率将会随着内在影响因素的改变而发生不同程度的变化。

在考虑温度对岩石热导率的影响时，需要考虑3个区域：

（1）岩体主要骨架的热传导。

（2）裂隙的热辐射。

（3）发生热反应，改变矿物的组成和结构。

根据前文对岩石热导率各影响因素的分析可知，热固耦合下岩石热导率的预测模型需将温度分为3个阶段进行考虑：在室温至200℃时，主要研究孔隙度值变化与热导率的量化关系；在200~400℃时，在第一阶段的基础上考虑加上微裂隙和微孔洞的影响；在400℃以后综合孔隙度值和矿物相变的影响研究量化关系。

目前研究普遍认为，岩体中热量传递是以热传导形式进行的。因此，在求解多场耦合中温度场时，傅里叶热传导公式被广泛应用，其表达式为：

$$Q = \rho c_p \frac{\partial T}{\partial t} + \nabla(-k\nabla T) + \rho c_p v \cdot \nabla T \qquad (2-20)$$

式中，ρ 为岩体密度；c_p 为岩体比热容；v 为热流的对流速度；Q 为热量。等号右边前两项为热传导项，第三项为热对流项，当岩体内不含流体或含有极少量流体时，可认为其对流速度 v 为 0，即可以忽略对流项影响，故公式可简化为：

$$Q = \rho c_p \frac{\partial T}{\partial t} + \nabla(-k\nabla T) \qquad (2-21)$$

傅里叶定律是反映导热现象最基本的物理定律，在导热过程中单位时间内通过单位面积所传递的热量，正比于当地垂直于截面方向上的温度变化率，热量传递的方向与温度升高的方向相反，即热量是由高温体向低温体传递。用热流密度 q 表示为：

$$q = -\lambda \mathrm{grad} t \, (\mathrm{W/m^2}) \tag{2-22}$$

式中，$\mathrm{grad} t$ 为所传递的热量、温度的变化在各个方向上发生不同的变化，即各向异性。

本书研究储层岩体传热性能，其特点是内部无热源，热量由各个方向同时向储层传递，如果将储层视为无限大的体积，那么研究整个岩体热导率时只考虑一维导热，即：

$$q = -\lambda \frac{\mathrm{d}t}{\mathrm{d}x} (\mathrm{W/m^2}) \tag{2-23}$$

2.4.2 储层岩体数学模型

多孔岩石的孔隙度随压力的增大而减小，随温度的升高而增大，但在不同的压力和温度范围内，热固耦合作用对岩石导热性能的影响是不同的。由此看出，在 0.1~400MPa 的压力范围内，在室温至 250℃ 的范围内，岩石受压力影响较大（高温时高达 15%，低温时约为 9%）。通过计算压力系数 β_P，可以定量、定性地估计压力对岩石热导率的影响。利用现有的岩石试验资料，研究了等压系数随温度和压力的变化规律（渠成堃等，2017）。为了准确计算压力系数 β_P，将已有的资料拟合为简单的经验方程：

$$\lambda(T,P) = \lambda_\infty \exp\left(-\frac{P_0}{P}\right) + \lambda_0(P=0.1, T) \tag{2-24}$$

式中，参数 λ_∞ 和 λ_0 具有简单的物理意义，即在 $P \to \infty$（在无穷大的压力作用下），$\lambda(T,P) = \lambda_\infty(T) + \lambda_0(P=0.1, T)$，因此 $\lambda_\infty(T)$ 可以用 $\lambda_\infty(T) = \lambda_{\exp}(T, P=\infty) - \lambda_0(P=0.1, T)$ 来估计；在 $P=0$ 时（无压力或者低压作用下），$\lambda(T, P=0) = \lambda_0(P=0.1, T) + \lambda_{\exp}(T, P=\infty)$ 的值是在给定的温度下岩石骨架的热导率 $\lambda_s(T)$。岩石热导率的所有测量值均按式（2-24）对每条固定等温线进行拟合。得到 $\lambda_\infty(T)$ 的值与岩石有效热导率的值在大气压下随温度的变化关系表示为：

$$\lambda_\infty(T) = a_0 + a_1 T + a_2 T^2, \lambda_0(P=0.1, T) = (C+DT)^{-1} \tag{2-25}$$

式中，参数 $a_0 = 1.7358 \times 10^{-2}$，$a_1 = 1.0272 \times 10^{-3}$，$a_2 = -8.1 \times 10^{-7}$，$C = 0.30532$，$D = 0.2302 \times 10^{-3}$。参数 P_0 几乎与温度无关，或者说温度函数对 P_0 的影响很小，可以认为是常数 $P_0 = 28\mathrm{MPa}$。利用实验数据只能估计出一个可调参数 P_0，这可以很容易利用最少的实验数据来预测多孔岩石在任何温度和压力下的热导率值。利用式（2-25）计算得到的压力系数 β_P 的值随压力、温度变化而变化，如图 2-24 所示。在室温至 250℃ 温度范围内，压力在 400MPa 时，砂岩压力系数 β_P 的值变化范围在 $(0.0072 \sim 2.94) \times 10^{-3} \mathrm{MPa}^{-1}$。在高压下压力系数 β_P 随温度发生轻微的变化 $(0.02 \sim 0.08) \times 10^{-3} \mathrm{MPa}^{-1}$（图 2-24，左），而当压力低于 100MPa 以下时，β_P 随温度变化剧烈，$(0.35 \sim 1.05) \times 10^{-3} \mathrm{MPa}^{-1}$。

当岩样从岩体中取出时，应力释放后裂隙和微裂纹继续发育，但随着实验压力的增大，裂隙和微裂纹开始迅速闭合（可能有的孔隙完全闭合，有的变窄），岩样内部热阻降低（矿物颗粒间相互作用力增加），这就增强了矿物颗粒之间的热接触，增加了岩样的密度或者降低了孔隙度。由于岩样的初始孔隙度比较大，当压力低于 100MPa 时，岩样的热导率和压力系数 β_P 会出现迅速增大的现象（图 2-25）。在较大的压力下（>100MPa），假设所有的裂

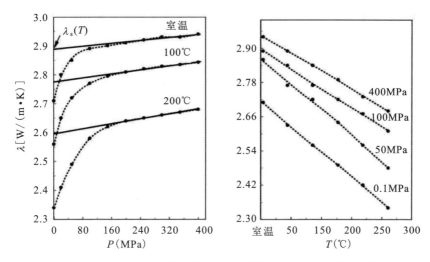

图 2-24 温度和压力作用下岩石热导率实测值与式（2-25）拟合曲线对比图

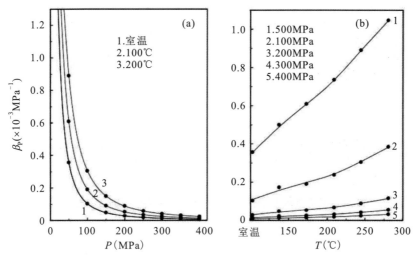

图 2-25 岩石热导率压力系数随压力和温度变化曲线图
(a) 压力系数随压力变化；(b) 压力系数随温度变化

缝是闭合的状态，压力继续增大而热导率不再有显著的变化，特别是压力系数 β_P 几乎为常数了。在单轴压力比较大的时候（>100MPa），压力的影响可以用一个线性关系描述，即 $\lambda(P) = \lambda_s(T)(1 + \beta_P P)$。

岩石热导率值随温度变化很大，在低压时为 16%，高压时为 10%，压力范围 0.1～400MPa，在室温至 250℃。用实测值计算了干砂岩的温度系数 β_T，得到的 β_T 值如图 2-26 所示，为所选等温线和等压线的压力和温度的函数。在实验温度和压力范围内，β_T 值在 $(0.028\sim0.230)\times10^3$ 范围内变化。如图 2-26 (a) 所示，当压力较小时（<100MPa），β_T 随压力增大急剧减小；在较大的压力下，β_T 值随压力的增大其降低幅度较小。值得注意的是，当压力低于 100MPa 时，β_T 的值变化受温度影响很小，但在压力较大时，其随温度的变化率很大。

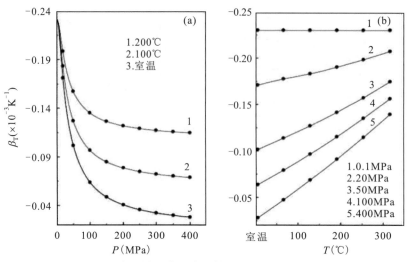

图 2-26 岩石热导率温度系数随压力和温度变化曲线
(a) 压力系数随压力变化；(b) 压力系数随温度变化

从参数 γ、弹性模量 K_T 和热膨胀系数 $\alpha = (\partial \ln V / \partial T)_P$，研究了压力和温度对导热特性影响。得到的方程为：

$$\lambda(T) = \lambda(25℃) \left(\frac{25℃}{T}\right) \exp\left[-\left(4\gamma_{T_h} + \frac{1}{3}\right) \int_{25℃}^{T} \alpha(\theta) d\theta\right] \times \left(1 + \frac{K_0'}{K_0} P\right) \tag{2-26}$$

其中，$K_0' = dK_T/dP$，K_0' 的值在区间 [4, 5] 内是个常数（谢卫红，2004）。根据 Hofmeister 模型[式(2-23)]，岩石热导率的温度系数 β_T 与热膨胀系数 α 有关：

$$\alpha = -\left(\beta_T + \frac{a}{T}\right) / \left(4\gamma + \frac{1}{3}\right) \tag{2-27}$$

为了表示压力对岩石热导率的影响，推导的压力系数方程为：

$$\frac{\partial \ln \lambda}{\partial P} = \frac{\frac{1}{3} + 4\gamma}{K_T} \quad \text{或者} \quad \frac{\partial \ln \lambda}{\partial P} = \chi_T \left(\frac{1}{3} + 4\gamma\right) \tag{2-28}$$

$$\gamma_T = \gamma_{T_0} + A \exp(-P/P_0) \tag{2-29}$$

式（2-27）的参数值作为温度函数方程的值。由式（2-28）及式（2-29）可以推导出岩石热导率的压力函数方程：

$$\ln \lambda(P, T) = \ln(P = 0.1, T) + 10^{-3} \left(\frac{1}{3} + 4\gamma\right) \{\gamma_{T_0}(P - 0.1) +$$

$$AP_0 [\exp(-P/P_0) - \exp(-0.1/P_0)]\} \tag{2-30}$$

系数 γ_{T_0} 和 A 的取值如表 2-7 所示。

表 2-7 压力在 25MPa 时，各温度下参数 γ_{T_0} 的值

温度（℃）	γ_{T_0}（MPa^{-1}）	A（MPa^{-1}）	温度（℃）	γ_{T_0}（MPa^{-1}）	A（MPa^{-1}）
室温	0.003 345	0.593 61	150	0.014 963	0.868 86
50	0.009 412	0.731 22	200	0.022 344	0.881 99
100	0.010 296	0.807 69	250	0.031 232	0.879 34

这个方程用于计算固定孔隙度下,热固耦合作用下(室温至250℃,0.1~400MPa)岩样的热导率。基于孔隙度的数学模型在热固耦合作用下是可行的,适用于热固耦合下的热导率数学模型可以考虑建立孔隙度与温度和压力的函数关系,即 $\phi(P,T)$ 很明显,孔隙度会随着压力和温度的改变而发生不同程度的变化。调查研究多种多孔材料的热导率模型后,提出热导率与孔隙度相关的数学模型:

$$\frac{\lambda_e}{\lambda_s} = \frac{(1-\phi)(1-r) + r\beta\phi}{(1-\phi)(1-r) + \beta\phi}, r = \frac{\lambda_f}{\lambda_s} \tag{2-31}$$

式中,λ_e 为有效热导率;λ_f 为孔隙或裂隙内材料的热导率;ϕ 为孔隙度;β 为结构系数(随孔隙形状变化而不同)。对于分散的多相岩石裂隙,$\beta \to (1-r)(1+2r)/3r, (\alpha \to 0)$;对于球形孔洞,$\beta \to \frac{3(1-r)}{2+r}$;对于针孔状的小孔洞,$\beta \to \frac{(1-r)(5+r)}{3(1+r)}, (\alpha \to \infty)$。当 $\frac{\lambda_f}{\lambda_s} \to 0$ 时,有:

$$\frac{\lambda_e}{\lambda_s} = \frac{1-\phi}{(1-\phi) + \beta\phi} \tag{2-32}$$

基于式(2-28),考虑到压力对多孔岩石热导率的影响,Abdulagatova(2009)将孔隙度 $\phi(P)$ 作为压力函数得到:

$$\frac{\lambda_e}{\lambda_s} = \frac{[1-\phi(P)]}{[1-\phi(P)] + \beta\phi(P)} \tag{2-33}$$

根据热导率实测值可利用式(2-30)估算压力对孔隙度的影响。在不同温度下孔隙度 $\phi(P)$ 与压力的函数关系图如图 2-26 所示。从图中可以看出,当压力较小时(<100MPa),孔隙度降低得比较快,而在较高的压力下,裂隙逐渐闭合,只剩下微孔洞,所以孔隙度几乎是恒定的。孔隙度随压力的变化关系的拟合曲线符合指数函数:

$$\phi(P,T) = \phi_0 + a(T) \cdot P^{b(T)} \tag{2-34}$$

式中,ϕ 为在限定条件下,即压力无穷大时($P \to \infty$)岩石的孔隙度;ϕ_0 为在压力为 0 时的孔隙度,系数 a 和 b 的取值如表 2-8 所示。

表 2-8 参数 a 和 b 在不同温度下的值

温度(℃)	a	b	温度(℃)	a	b
50	10.417	−0.04	100	8.126	−0.705
150	6.648	−0.136	200	7.482	−0.338

综上研究可知,热固耦合作用对岩石导热性质的影响是非常复杂的,温度和压力的综合作用是分阶段对导热性起主导作用的。

(1) 当压力小于 100MPa 时,压力对热导率起主导作用,随着压力增大,孔隙度降低得比较快,温度在逐渐变大,矿物颗粒膨胀使孔隙度进一步降低,此时矿物膨胀产生的积极作用大于微裂隙和微孔洞数量增多产生的消极影响,温度和压力同时增大产生的热固耦合作用增强了储层岩体的导热性能。所以当压力小于 100MPa 时,研究热固耦合作用下储层岩体的导热性可以通过建立以压力系数 β_P 为主、温度系数 β_T 为辅的热导率数学模型来预测。

(2) 当压力大于 100MPa 时(具体范围在 100~400MPa),随着压力增大裂隙逐渐闭合,只剩下微孔洞,所以若温度不变,压力即使继续增大孔隙度也几乎是恒定的。所以,此时温度起主导作用，在室温至200℃范围内，若温度逐渐升高，岩体内部微裂隙开始滋生，针孔形微孔洞（自由水、结合水逸出）也开始出现；在200~400℃范围内，微裂隙和微孔洞数量显著增多，并且微孔洞形状开始由真空状变为球形孔状；当温度高于400℃时，某些岩石矿物开始分解，微裂隙和微孔洞数量剧增，并且孔洞之间相互已经开始形成连通，变为新的裂隙（不同于矿物不均匀膨胀形成的裂隙）。

（3）根据增强地热系统（EGS）的特点，随着大量热从储层被提取出来，岩体温度下降，储层的岩体所受到的围压基本保持不变（地应力可由目标岩体上覆盖层厚度和地心引力求得）。此时，由于高温所造成的裂隙和孔洞不会消失，同时矿物颗粒收缩，在围压作用下岩体孔隙度会降低，从而热导率值变大。岩石热导率变大后，周围岩体传来的热量又会进一步使EGS目标岩体的温度升高，又会经历上面（1）或（2）的过程。随着如此高低温的循环，岩石孔隙度会越来越大，目标储层岩体的导热性能也将逐步降低，从而影响增强地热系统（EGS）的取热效率。

基于上述分析，根据不同的工况条件，把干热岩储层岩体的热导率数学模型定为"分段函数"式预测模型。

本章前述内容中，假设"大平壁"在没有热源情况下，根据傅里叶一维稳定导热得到基于岩石矿物成分的热导率数学模型，可知岩石骨架热导率：

$$\lambda_s = \frac{1}{\sum_{i=1}^{n} \frac{\delta_i}{\lambda_i}} \tag{2-35}$$

联立式（2-31）和式（2-35）可得：

$$\lambda_e = \frac{(1-\phi)(1-r) + r\beta\phi}{\left[(1-\phi)(1-r) + \beta\phi\right]\left(\sum_{i=1}^{n} \frac{\delta_i}{\lambda_i}\right)}, r = \frac{\lambda_f}{\lambda_s} \tag{2-36}$$

式中，ϕ为孔隙度，λ_f为流体的热导率（一般情况下水的热导率为0.59），β为结构系数（随孔隙形状变化而不同）。对于分散的多相岩石裂隙，$\beta \to \frac{(1-r)(1+2r)}{3r}$，$(\alpha \to 0)$，$\alpha$为热膨胀系数；对于球形孔洞，$\beta \to \frac{3(1-r)}{2+r}$；对于针孔状的小孔洞$\beta \to \frac{(1-r)(5+r)}{3(1+r)}$，$(\alpha \to \infty)$。

（1）当考虑压力对导热性起主导作用时（即温度在室温至200℃，压力小于100MPa），此时温度和压力函数式（2-31），代入式（2-33），可得：

$$\left.\begin{array}{l}\lambda_e = \dfrac{[1-\phi(P,T)](1-r) + r\beta\phi(P,T)}{\left\{[1-\phi(P,T)](1-r) + \beta\phi(P,T)\right\}\left(\sum_{i=1}^{n} \dfrac{\delta_i}{\lambda_i}\right)} \\ \phi(P,T) = \phi_0 + a(T) \cdot P^{b(T)}\end{array}\right\} \tag{2-37}$$

（2）当考虑温度对储层岩体导热性起主导作用时（即温度大于200℃，压力大于100MPa），此时矿物膨胀对热导率产生的积极影响已经消失，压力的增加对孔隙度的影响也很微弱，现在就只需考虑200~400℃，微孔洞的变化以及微裂隙的数量对孔隙度的影响即可；而400℃以上微孔洞相互之间形成连通，此时就只需考虑微裂隙的数量和矿物相变的影响。式（2-33）中的参数取值如式（2-38）所示。

§2 热固耦合作用下地热储层花岗岩导热性能研究

$$200\sim 400\text{℃时}, \beta \to \frac{3(1-r)}{2+r}$$
$$\text{大于}400\text{℃时}, \beta \to \frac{(1-r)(1+2r)}{3r}$$
$$\phi(T) = \phi_0(T) + \exp(-P/P_0)$$
(2-38)

2.4.3 模型验证

为验证上述储层岩体热导率数学模型的准确性,需要岩石在热固耦合作用下的各参数的实验值。表2-9为在200℃时不同压力下岩石的热导率值,表2-10为不同温度下岩石的热导率值。

表2-9 200℃时不同压力下岩石热导率实测值 单位:W/(m·K)

压力(MPa)	0	20	50	100	150	200	250	300	350	400
热导率	2.56	2.65	2.72	2.77	2.8	2.81	2.82	2.83	2.836	2.84
孔隙度	3.18	2.66	2.14	1.58	1.31	1.24	1.16	1.1	1.03	0.97

表2-10 不同温度下岩石热导率实测值 单位:W/(m·K)

室温	50℃	100℃	150℃	200℃	250℃
2.71	2.63	2.56	2.49	2.42	2.34

注:实验是标准大气压下,初始孔隙度为13%进行。

从热固耦合下的孔隙度函数$\phi(P,T)$可得到,在200℃时孔隙度预测值随压力的变化情况,如图2-27所示。

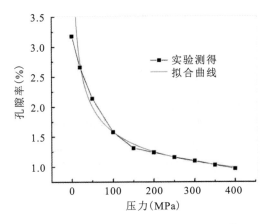

图2-27 在200℃时孔隙度拟合曲线与实测值对比图

根据已知岩石矿物成分和式(2-32)可得室温下λ_s的预测值为2.93,于是$r = \frac{\lambda_f}{\lambda_s} \approx 0.201$。由于200℃时微孔洞为针孔状,所以$\beta \to \frac{(1-r)(5+r)}{3(1+r)} \approx 1.15$,将各参数值代入数学模型可得热导率随压力变化的预测曲线,如图2-28所示。

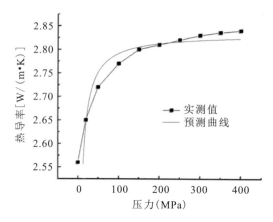

图 2-28　在 200℃时热导率预测曲线与实测值折线对比图

从预测曲线与实测曲线进行对比可以发现，预测值与实测值非常接近，误差值在 −3.04%~1.67%区间内，总体误差控制在 5%以内，所以压力对储层岩体热导率起主导作用的数学模型能够很好地反映储层岩体的导热性能，预测值有很高的准确性。

由于温度对导热性起主导作用时的温度和压力条件过高，实验条件无法达到，也无国外实验数据可借鉴，故在温度主导作用下的热导率预测模型暂无法得到验证。但是，由于压力大于 100MPa 之后，温度在 200~400℃范围内变化只是通过增加裂隙数量和微孔洞的形状来影响热导率的，这个过程中的孔隙度虽有变化，但是由于压力的存在，其变化并不大，故此过程中温度起主导作用，且对储层岩体的导热性影响也很小。

综上所述，现阶段对干热岩的开发利用基本温度都在 200℃以内，开采深度也在 3km 左右，并以压力起主导作用的工况，所以数学模型式（2-34）在现阶段的工程中还有很好的工程适用价值。

2.5　本章小结

基于实验数据分析花岗岩矿物成分、高温后花岗岩的物理性质、热学性质，研究多种物理和化学反应对花岗岩导热性能产生的影响，本章采用实验与理论推导相结合的方法对热固耦合作用下岩石导热性质进行定性和定量分析。研究结论如下：

（1）在花岗岩热导率的众多影响因素中，矿物成分的影响至关重要，花岗岩热导率值随着石英矿物与长石矿物体积分数的比值的增加而变大。依据傅里叶定律经过数学推导得到岩石矿物成分体积分数与其热导率之间的数学模型，经验证其误差在合理范围内。

（2）高温后，由于岩石内部结构变化和矿物相变的影响，岩石的热导率发生不同程度的降低，主要趋势是加热温度越高，岩石热导率降幅越大。

在室温至 200℃时，岩样中自由水和结合水逸出，微孔洞为针孔状，岩石矿物颗粒膨胀，随着水分的散失，岩石热导率值迅速下降；温度在 200~400℃范围内时，岩石矿物中晶体水和结构水逸出（但晶体水和结构水含量很少），孔隙度略有增加，微裂隙些许发育；温度在 400~600℃范围内时，成岩矿物发生剧烈的物理化学反应，内部孔洞直径逐渐变大，岩石的内部裂缝极为发育，裂缝相互连通形成裂缝网络。当温度超过 450℃时，部分成岩矿物将发生相变，例如石英 α-β 的相变（目前有研究发现此相变过程是可逆的，温度降低后又恢复原相），矿物的相变将导致其导热性能变弱。

（3）岩石在压力作用下，孔隙度随压力的增大而减小，从而引起岩石热导率发生不同程度的增大。

岩石不断受压使其内部的孔隙及裂隙不断闭合减小使得岩石整体结构趋于致密，进一步减少了声子发散源，加强了晶格振动过程中的能量转移。岩石在不断受压的过程中，其颗粒间的分布排列趋于紧密，岩石的相结构逐渐趋于单一，进一步使得固体材料的热能传输能力得到提高。在较低的压力作用下（0~100MPa），岩石内部微裂隙出现桥接、晶间颗粒更加紧密，岩石热导率随温度的增长呈现急剧增长的态势；当压力大于100MPa时，压力使颗粒间越来越紧密，从而导致孔隙度减小到某一值后不再变化，压力对热导率的影响就显得比较微弱了。

（4）研究热固耦合作用下目标储层岩体矿物成分、压力、温度、初始孔隙度等参数的变化规律，并经过理论推导得到花岗岩的热导率预测模型。

现阶段对干热岩的开发利用基本温度都在200℃以内，开采深度也在3km左右，实际工况是以压力为主导作用，此时高温的附加作用致使矿物颗粒膨胀，减少了颗粒间隙，从而使岩体更加密实，降低了孔隙度。这里的温度和压力产生的热固耦合作用对岩体的导热性功能均起到积极的促进作用。温度对储层岩体导热性起主导作用时（即温度大于200℃，压力大于100MPa），此时矿物膨胀对热导率产生的积极影响已经消失，压力的增加对孔隙度的影响也很微弱，现在就只需考虑200~400℃，微孔洞的变化以及微裂隙的数量对孔隙度的影响即可；而400℃以上微孔洞相互之间形成连通，此时就只需考虑微裂隙的数量和矿物相变的影响。

（5）现阶段，在开发利用的干热岩地热能源的目标储层，利用评价储层岩土体导热性能的热导率数学模型，代入储层岩体的矿物成分、压力、温度、初始孔隙度等参数可以得到热固耦合下的岩体热导率，通过对比分析热导率大小、钻井经济性、储层体量等因素可选定最为合适的增强地热系统目标储层。

§3　地热储层单裂隙渗流传热影响机理研究

地热储层裂隙岩体内部赋存着大量的孔隙和裂隙，使得取热工质能够在储层裂隙岩体中流动，这构成了地热储层裂隙岩体的渗流场，同时地热储层裂隙岩体所处的环境温度较高，与取热工质之间一般存在较大的温差。这两者紧密耦合，地热储层裂隙岩体渗流场和温度场的相互耦合作用是地热储层裂隙岩体研究中的关键科学问题。

地热储层裂隙岩体中的传导传热和对流传热决定了地热储层裂隙岩体温度场的分布规律，对流传热是以取热工质在地热储层裂隙岩体中裂隙的流动来实现的。在干热岩地热资源开采的过程中，主要涉及两个过程：流体在裂隙岩体中的渗流过程以及流体与裂隙岩体之间的热交换过程，两者相互耦合，紧密联系，主要从以下两个方面来进行分析：①当取热工质在地热储层裂隙岩体中运移时，它会与地热储层裂隙岩体之间发生强烈的对流换热作用，将裂隙表面的热量不断地带走，使得地热储层裂隙岩体内部产生温度差，进而使得裂隙岩体内部发生传导传热，地热储层裂隙岩体的温度场在这种综合作用下将会发生相应的变化，并达到新的平衡状态。②热物理参数一般和温度有着密切的关系，因此当地热储层裂隙岩体温度场发生变化会导致取热工质和岩体的热物理参数发生相应的变化；同时地热储层裂隙岩体结构特征在温度场作用下发生的变化也会影响地热储层裂隙岩体中的运移特性，从而使得地热储层裂隙岩体的渗流场发生相应的变化。

地热储层裂隙岩体是一种充满各种各样的结构面的非连续介质，结构面的存在为取热工质的运移提供了空间条件，取热工质在地热储层裂隙中的流动状态、相态以及化学成分都存在着较大的差异；地热储层裂隙岩体的各向异性，流体与岩体的温度之间存在差异，因此地热储层裂隙岩体中的渗流传热过程极其复杂，一般情况下，地热储层裂隙岩体中的渗流传热过程主要包含以下 3 种模式：

（1）通过地热储层裂隙岩体骨架的传导换热。

（2）取热工质内部的传导传热（主要是发生在与裂隙面接触的一层很薄的厚度上）和对流换热（主要发生在距离裂隙面较远的流体内部）。

（3）取热工质与地热储层裂隙岩体接触界面处的对流换热。

传导传热与地热储层裂隙岩体的比热容、导热系数等热物理参数密切相关。根据热扩散率的定义可知，地热储层裂隙岩体的比热容越大，导热系数越小，就越不利于热量在地热储层裂隙岩体中的传导。地热储层裂隙岩体在干热岩地热资源开采的过程中一般都存在流体运移，这时地热储层岩体中除了固体岩块骨架的传导传热外，还伴随着地热储层裂隙岩体与取热工质之间的对流传热。

对流换热对热量的运移速率要远大于传导换热，且地热取热工质的比热容一般较大。因此取热工质在地热储层裂隙岩体中的运移是温度场演化的主要影响因素，地热储层裂隙岩体温度场的变化在间接程度上也可以表征地热储层裂隙岩体中流体的渗流特征。

3.1 岩体的结构性

3.1.1 岩体结构成因及特征

岩体是经过长期的地质作用，赋存于地质结构中具有一定结构的工程研究对象。岩体内存在的不同性质、不同尺度的各种地质界面（层面、节理、断层、裂隙等）统称为结构面。在较长历史的地质作用下，岩体中存在着大量的不同尺度的结构面，使得岩体的各种特性（水力学特性、力学特性、热力学热性等）都异常复杂，不但具有非连续性、非均质性、各向异性和非弹性，还具有多尺度效应，在研究过程中往往需要针对所研究的科学问题考虑或者简化岩体的某些特性，才能有效地解决相关的工程科学问题。

岩体在地质作用下的破坏的形式一般仅有拉裂破坏和剪切破坏两种，裂隙面据此可以分为张拉破裂面和剪切破裂面两大类。其中张拉破裂面由张性应力形成，在破坏过程中，裂隙面两侧的岩体仅沿着垂直于裂隙面的方向发生相悖的分离位移。张拉破裂面常具有一些比较显著的特征，比如含水丰富、导水强的特征，因此也成为地下水运移的主要空间通道。地热储层岩体中广泛发育着复杂的剪切破裂面，是控制地热储层裂隙岩体中取热工质运移输送最主要的结构面之一。

3.1.2 裂隙岩体重构技术

研究工程岩体时，一般考虑较多的岩体结构面为裂隙。岩体中各种尺度的结构面的存在使得岩体具有强烈的各向异性，并且其岩体的特性很难用参数进行定量表达，同时岩体结构的复杂性使得与其相关的科学研究和计算都很困难。因此建立适当的裂隙岩体数学模型并应用于数值模拟计算是常用的研究手段。

裂隙的几何结构和空间特征决定着流体采热输运过程，研究裂隙的表征方法、相关参数以及对其采用合适的技术进行结构重构，对于研究与岩体相关的多相多场耦合输运过程具有重要的意义。裂隙岩体数学模型可以用于定量研究工程岩体内部各种微观因素，建立一个准确客观的裂隙岩体数学模型对于研究工程实际问题具有非常重要的意义（陈杰等，2020）。由于裂隙岩体的结构非常复杂，例如孔隙的特性极其复杂，孔隙尺度的分布范围较大且孔隙结构也很复杂，迄今尚未有有效的方法对其进行准确的描述（郁伯铭，2003）。随着实验仪器与技术的不断发展和新理论的创新、新技术的突破，国内外研究团队不断提出新的裂隙岩体重构技术。针对多孔介质宏观整体性能研究多而孔隙尺度关键过程细节研究少的现状，表征并重构了多孔介质的实际三维结构，在发展多孔介质孔尺度及多尺度研究方法、查明关键物理量孔尺度的分布规律、揭示微纳尺度多场耦合过程机理、构建准确的多孔介质模型等方面，取得了较突出的研究成果，并在能源领域得以应用。分形理论的发展也为结构重构提供了新技术，目前已经广泛应用于结构重构。已有大量报道说裂隙的分布具有分形特点，多孔介质的输运性质有可能通过分形理论来进行表征描述。Thompson等（1987）在分形理论的基础上，研究了均质多孔岩石介质的运移输运特性。Adler（1996）早期对于分形物体中的运移传输特性采取几何逾渗模型进行了研究，后来也分析了多孔介质中相关的运移输运问题。流体在多孔介质的孔隙中流动时，其流动的通道可能并不是光滑平直的，这种弯曲通道也可以用分形的形式来表示。许国良等（2019）基于分形粗糙表面的三维数值重构技术，对界面微孔结构的分形表征进行了详细的研究，并应用分形多孔介质输运理论构建模型。多点统计法（Multiple-point Statistics，MPS）被认为是重构多孔介质和随机模拟的典型数值方法，这种方法通过使用训练图像（Trainimage，TI）来计算条件累积概率函数进而重构多孔介质的结构。深度学习（Deep Learning）技术可以获取高维数据中的复杂结构特征。将深度学习的相关技术应用到多孔介质重构的建模方法中，有助于提取训练图像的复杂结构特征。深度迁移学习（Deep Transfer Learning，DTL）是深度学习领域的重要技术之一，它可以将在其他数据集中到已经训练好的模型快速地转移到另一个数据集上。DTL 可以视为深度学习和迁移学习的结合，在深度学习并提取多孔介质的结构特征后，利用迁移学习将学习到的特征用于新的多孔介质重构结果中，使其能够很好地拟合新的数据集，达到良好的效果。随着算法优化手段的不断完善，目前也有一些学者采用不同的算法来重构实际问题中的结构。赵玥等（2018）采用 RC 算法重构出了土壤孔隙，重构的孔隙轮廓清晰，结构真实，可以完整地呈现出孔隙结构的细节信息，不仅为土壤孔隙的可视化分析提供了一种较为先进的方法，也为研究土壤水分和养分的运移以及空气的交换奠定了技术基础。有关裂隙的重构技术基本上与多孔介质重构一致，多孔介质重构技术基本上都可以用于裂隙的重构，但是在裂隙结构重新构造的过程中需要考虑裂隙的粗糙度、开度等裂隙特征参数。

3.2 单裂隙岩体渗流传热耦合理论分析

地热储层裂隙岩体的裂隙特征极其复杂，单裂隙作为干热岩地热储层裂隙岩体中最基本的单元体，对单裂隙岩体的渗流-温度的相互耦合关系进行研究，可以为复杂多裂隙岩体中的渗流传热机理研究提供理论基础。

3.2.1 单裂隙岩体渗流传热模型

地热储层裂隙岩体中的裂隙渗透力远大于周围储层岩石基质，因此干热岩地热储层中裂隙的存在极大地影响着干热岩地热储层的渗流场和温度场，而单裂隙岩体中的渗流传热机理是复杂的多裂隙岩体渗流传热机理的研究基础。

地热储层单裂隙中的取热工质的流动可以用立方定律来进行描述，首先把地热储层岩体裂隙简化为光滑的平行板之间的裂隙模型（图 3-1，其中 W 为裂隙宽度，L 为裂隙长度，b 为裂隙开度）。

假设取热工质在裂隙中的流动服从达西定律，根据 Navier-Stokes（简称 N-S）方程，得出理想状态下取热工质在裂隙中的流动公式：

$$v = K_f J_f \quad (3-1)$$

$$K_f = \frac{gb^2}{12\mu} \quad (3-2)$$

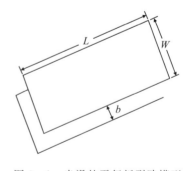

图 3-1　光滑的平行板裂隙模型

式中，v 为取热工质平均流动速度；K_f 为裂隙渗透系数；J_f 为裂隙内的取热工质的梯度；g 为重力加速度；b 为裂隙宽度；μ 为取热工质的运动黏滞系数。

以上两个表达式反映了取热工质处于层流状态时在单裂隙中的渗透规律,通过单位宽度裂隙面的流量,可以用立方定律表示为:

$$q = \frac{gb^3}{12\mu} J_f \quad (3-3)$$

此式是裂隙岩体裂隙渗流的基本理论。

3.2.2 单裂隙渗流、温度控制方程

根据流体流动的相关理论及质量、动量、能量三大守恒定律,可以推导得到描述地热储层裂隙岩体中取热工质的流动状态、水流流动中温度分布的基本方程。

连续性微分方程:

$$\frac{\partial \rho}{\partial t} + \frac{\partial (\rho u_x)}{\partial x} + \frac{\partial (\rho u_y)}{\partial y} + \frac{\partial (\rho u_z)}{\partial z} = 0 \quad (3-4)$$

动量微分方程:

$$\frac{\partial u_x}{\partial t} + u_x \frac{\partial u_x}{\partial x} + u_y \frac{\partial u_x}{\partial y} + u_z \frac{\partial u_x}{\partial z} = F_x - \frac{1}{\rho} \frac{\partial P}{\partial x} + \mu \left(\frac{\partial^2 u_x}{\partial x^2} + \frac{\partial^2 u_x}{\partial y^2} + \frac{\partial^2 u_x}{\partial z^2} \right) \quad (3-5)$$

$$\frac{\partial u_y}{\partial t} + u_x \frac{\partial u_y}{\partial x} + u_y \frac{\partial u_y}{\partial y} + u_z \frac{\partial u_y}{\partial z} = F_y - \frac{1}{\rho} \frac{\partial P}{\partial y} + \mu \left(\frac{\partial^2 u_y}{\partial x^2} + \frac{\partial^2 u_y}{\partial y^2} + \frac{\partial^2 u_y}{\partial z^2} \right) \quad (3-6)$$

$$\frac{\partial u_z}{\partial t} + u_x \frac{\partial u_z}{\partial x} + u_y \frac{\partial u_z}{\partial y} + u_z \frac{\partial u_z}{\partial z} = F_z - \frac{1}{\rho} \frac{\partial P}{\partial z} + \mu \left(\frac{\partial^2 u_z}{\partial x^2} + \frac{\partial^2 u_z}{\partial y^2} + \frac{\partial^2 u_z}{\partial z^2} \right) \quad (3-7)$$

能量微分方程:

$$\frac{\partial T}{\partial t} + u_x \frac{\partial T}{\partial x} + u_y \frac{\partial T}{\partial y} + u_z \frac{\partial T}{\partial z} = \frac{\lambda}{\rho c_P} \left(\frac{\partial^2 T}{\partial x^2} + \frac{\partial^2 T}{\partial y^2} + \frac{\partial^2 T}{\partial z^2} \right) + Q_T \quad (3-8)$$

式中,u_x、u_y、u_z分别为取热工质在x、y、z方向上的流动速度;μ为取热工质的运动黏滞系数;T为取热工质的温度;λ为取热工质的热导率;c_P为比热容;Q_T为内热源项。

以上各式均为非线性偏微分方程,一些复杂的裂隙条件下很难进行求解,因此在实际工程应用中,需要结合工程实际情况对上述方程做出相应的简化处理。

3.3 地热储层单裂隙岩体渗流传热模型

干热岩地热工程中的储层岩体大多是多相不连续介质,储层岩体中充满了各种各样的结构面,为了简化研究,对建立的模型做出以下假设:

(1) 忽略取热工质在储层岩体本身中的渗透,即取热工质仅在储层裂隙内运移,把储层岩体按照非连续介质来处理。

(2) 假设储层岩体中仅存在单一裂隙,并且该单裂隙可以看成平行板状裂缝,单裂隙的宽度为常数,裂隙面无限延伸且表面光滑,裂隙宽度远远小于裂隙长度。

(3) 裂隙内取热工质为稳定的无内热源二维定常层流、常物性、不可压缩牛顿性流体,并忽略取热工质黏性耗散过程中产生的耗散热。

(4) 取热工质所承受的只有重力,且只沿x方向流动,其温度随时间的推移发生变化。

建立描述取热工质地热储层在单裂隙岩体内流动的平行板裂隙模型,如图3-2所示,灰色为岩体区域,中间为裂隙区域,其中L为裂隙长度,d为裂隙宽度,并且L远大于d;

T_w 为边界 $x=0$ 处的取热工质温度，T_m 为储层岩体壁面温度，岩体的初始温度 T_{w_0} 大于流体的初始温度 T_{w_0}。此模型可以表征整个平行裂隙模型的渗流场和温度场的分布。

根据流体力学基本方程，结合单裂隙水流的边界条件：

$$u_x \mid_{y=b} = 0 \qquad (3-9)$$

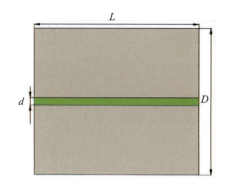

图 3-2 单裂隙平行板裂隙模型

进行求解可得到单裂隙中取热工质沿 x 方向流动时，流速函数的分布方程：

$$u_x = -\frac{1}{2\mu}\frac{\mathrm{d}P}{\mathrm{d}x}(b^2 - y^2) \qquad (3-10)$$

式中，μ 为流体动力黏滞系数，$\mu = \rho \upsilon$；$\frac{\mathrm{d}P}{\mathrm{d}x}$ 为水流压力梯度。

式（3-10）作为单裂隙流体运移的速度场公式，集中反映了单裂隙内取热工质沿 x 方向运移过程中的速度分布特征。对式（3-10）进行更深入的推导，则可以得到裂隙水流立方定律，因此该式具有普遍意义。

由此可以看出，基于模型假设下的取热工质速度场的分布特征和温度场没有关系，这就意味着，无论地热储层中取热工质的温度如何，储层裂隙内取热工质的速度场具有相同的分布特征。

3.4 地热储层单裂隙岩体瞬态温度场分布特征分析

3.4.1 基本耦合方程

取热工质在单裂隙中流动的过程中与岩体发生热交换，其温度不断发生变化。

由模型的基本假设可知：

$$u_z \frac{\partial T}{\partial z} = 0, \frac{\partial^2 T}{\partial z^2} = 0, Q_T = 0$$

则能量微分方程可以简化为：

$$\frac{\partial T}{\partial t} + yu_x \frac{\partial T}{\partial x} + u_y \frac{\partial T}{\partial y} = \frac{\lambda}{\rho c_P}\left(\frac{\partial^2 T}{\partial x^2} + \frac{\partial^2 T}{\partial y^2}\right) \qquad (3-11)$$

根据模型及其基本假设的基础上，可以得到简化后在渗流场影响下的温度场数值模型：

$$\left.\begin{aligned}
&\frac{\partial T}{\partial t} + u_x \frac{\partial T}{\partial x} + u_y \frac{\partial T}{\partial y} = \frac{\lambda}{\rho c_P}\left(\frac{\partial^2 T}{\partial x^2} + \frac{\partial^2 T}{\partial y^2}\right) \\
&\frac{\partial u_x}{\partial t} + u_x \frac{\partial u_x}{\partial x} + u_y \frac{\partial u_x}{\partial y} = F_x - \frac{1}{\rho}\frac{\partial P}{\partial x} + \mu\left(\frac{\partial^2 u_x}{\partial x^2} + \frac{\partial^2 u_x}{\partial y^2}\right) \\
&\frac{\partial u_y}{\partial t} + u_x \frac{\partial u_y}{\partial x} + u_y \frac{\partial u_y}{\partial y} = F_y - \frac{1}{\rho}\frac{\partial P}{\partial y} + \mu\left(\frac{\partial^2 u_y}{\partial x^2} + \frac{\partial^2 u_y}{\partial y^2}\right) \\
&\frac{\partial u_x}{\partial x} + \frac{\partial u_y}{\partial y} = 0
\end{aligned}\right\} \qquad (3-12)$$

由于在模型假设中只考虑了重力，所以 $F_x = 0$；且在基本假设中取热工质的流动形式为层流，重力同黏性力相比较可以忽略，即 $F_y=0$；同时由于取热工质只沿着 x 方向流动，即 $u_y=0$，于是式（3-12）可简化为：

$$\left.\begin{aligned}
&\frac{\partial T}{\partial t}+u_x\frac{\partial T}{\partial x}=\frac{\lambda}{\rho c_P}\left(\frac{\partial^2 T}{\partial x^2}+\frac{\partial^2 T}{\partial y^2}\right)\\
&\frac{\partial u_x}{\partial t}+u_x\frac{\partial u_x}{\partial x}=-\frac{1}{\rho}\frac{\partial P}{\partial x}+\mu\left(\frac{\partial^2 u_x}{\partial x^2}+\frac{\partial^2 u_x}{\partial y^2}\right)\\
&-\frac{1}{\rho}\frac{\partial P}{\partial y}=0\\
&\frac{\partial u_x}{\partial x}=0
\end{aligned}\right\} \quad (3-13)$$

3.4.2 边界条件以及基本参数

平行板裂隙渗流的特点及基本假定如下（郑鑫等，2018）：

（1）渗流边界。裂隙上、下两个边界为不透水边界，裂隙的左右相对边界分别选取为取热介质的流入、流出边界。

（2）温度边界。整个系统的初始温度取 373K（100℃），单裂隙岩体上下界面温度取 $T_m=373$K（100℃），岩体两侧边界取绝热边界。

（3）计算参数。研究区域选定为 0.2cm×45cm×40cm，即岩层厚度为 40cm，裂隙长度 $L=45$cm，裂隙开度 $d=2$mm，其他计算参数的选取如表 3-1 所示，其中岩石主要以花岗岩为研究对象。

表 3-1 单裂隙岩体渗流传热数值模拟研究参数

参数	数值	单位	备注	参数	数值	单位	备注
ρ_s	2700	kg/m³	岩石密度	λ_f	0.6	W/(m·K)	水的热率
λ_s	1.2	W/(m·K)	岩石热导率	C_f	4200	J/(kg·K)	水的比热容
C_s	870	J/(kg·K)	岩石比热容	μ	0.1	mPa·s	水的动力黏度
ρ_f	998.2	kg/m³	水的密度				

（4）网格划分。COMSOL Multiphysics 数值模拟软件具有自动剖分网格的功能，在这里将网格里面的序列类型设置为物理场控制网格，单元大小设置为常规进行网格自动构建剖分，设置如图 3-3 所示，剖分的网格如图 3-4 所示。

图 3-3 单裂隙网格剖分设置情况

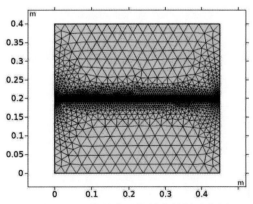

图 3-4 单裂隙网格剖分结果示意图

3.5 数值模拟研究结果与分析

为了验证模型的正确性,将裂隙开度 d 改为 2cm,流体注入速度设置为 0.000 8m/s 进行模拟,验证得到裂隙不同位置的模拟解及其与文献解误差见表 3-2。裂隙中心的温度分布如图 3-5 所示,从图可以看出建立的模型和文献中的数据基本一致,产生差异的原因可能是因为本书中采用了与文献不同的数值模拟软件,因此保证了模型的合理性与正确性。

表 3-2 文献解与数值模拟对比分析

裂隙位置 (m)	文献解 (K)	数值模拟解 (K)	误差 (K)	裂隙位置 (m)	文献解 (K)	数值模拟解 (K)	误差 (K)
0	293.967	293.993 37	−0.026 37	0.25	299.767	298.766 53	1.000 47
0.05	294.934	294.726 58	0.207 42	0.3	300.674	299.497 61	1.176 39
0.1	296.263	295.687 1	0.575 9	0.35	301.459	300.223 91	1.235 09
0.15	297.471	296.825 11	0.645 89	0.4	302.184	300.939 72	1.244 28
0.2	298.619	297.836 94	0.782 06	0.45	302.607	301.549 99	1.057 01

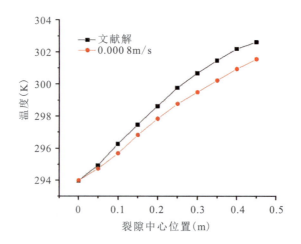

图 3-5 本书与文献裂隙中心温度分布对比示意图

3.5.1 单裂隙岩体渗流传热温度场分析

采用以上研究参数并设置流体注入温度为 293K(20℃),流体注入速度为 0.005m/s 进行瞬态研究,可以得出当系统运行到 400min 左右时,单裂隙岩体温度场基本上开始趋于稳定状态。分别取 $t=0$min、30min、90min、150min、240min、360min、480min、600min 时单裂隙岩体的温度场云图如图 3-6 所示,由图可以看出:在初始阶段,当流体进入单裂隙岩体后,由于与裂隙面之间存在温差,两者之间发生剧烈的对流换热作用,但流体在到达出口前就已经和岩体的温度达到动态平衡状态,因此岩体的温度场仅受到局部扰动。随着流体逐渐带走岩体中的热量,岩体温度场的扰动区域逐渐向出口方向和岩体的上下面扩展。同时

§3 地热储层单裂隙渗流传热影响机理研究

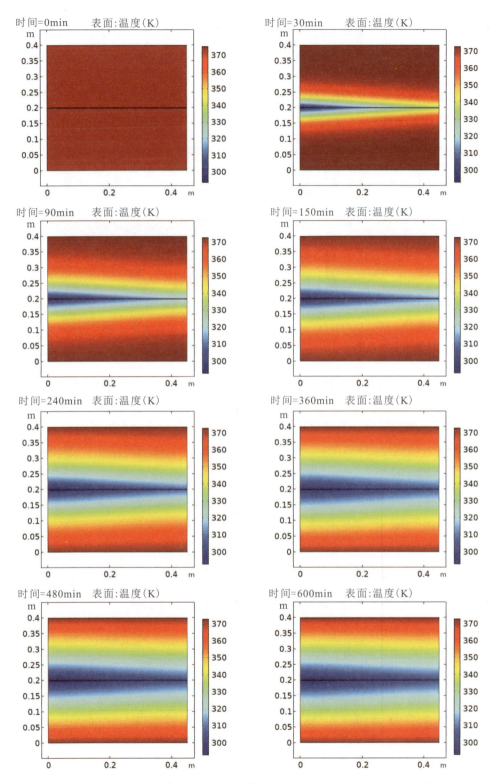

图 3-6 单裂隙岩体温度场云图演化示意图（$T=293K$，$v=0.005m/s$）

可以发现岩体温度场在演化过程中沿着裂隙中心线总是保持对称。

稳定后的单裂隙岩体温度场和温度等值线分别如图3-7和图3-8所示。可以看出沿着流体流动的方向，稳定后的岩体温度场等值线越来越稀疏，这是因为随着流体的流动，流体受岩体的加热同时岩体中的热量被流体带走，这就使得岩体和流体两者之间的温差减小，降低了岩体与流体之间的换热效率，从而使得靠近裂隙出口部位的岩体温度等值线分布比较稀疏。

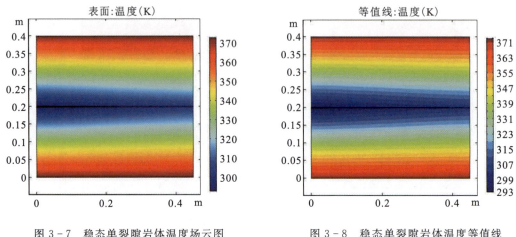

图3-7 稳态单裂隙岩体温度场云图　　图3-8 稳态单裂隙岩体温度等值线

为了探究流体温度场的分布情况，在裂隙中心均匀布置10个温度监测点，对渗流场的温度进行监测。得到的监测结果如图3-9所示。同岩体的温度场类似，裂隙中心上温度也随着时间的推移不断地降低。对比分析0min时裂隙中心温度的分布情况也证实了扰动区域变化的过程性。

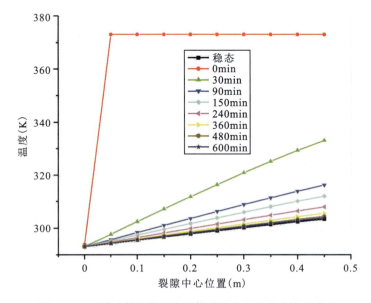

图3-9 不同时刻下单裂隙岩体裂隙中心温度分布示意图

图3-10描述了流体出口边界上的法向总热通量随时间的变化情况，由图可以看出，流

体出口法向总热通量随着时间的推移首先迅速下降之后逐渐趋于稳定状态。这是因为当流体进入裂隙后迅速地吸收岩体中的热量并从出口带出，出口法向总热通量的值较大，之后随着岩体温度的降低，流体和岩体之间的对流换热作用减弱，出口法向总热通量随着时间的变化逐渐下降，并在400min之后开始趋于稳定状态，此时岩体的温度场也处于稳定状态。这一规律也很好地验证了岩体温度场的演化规律及其机理。

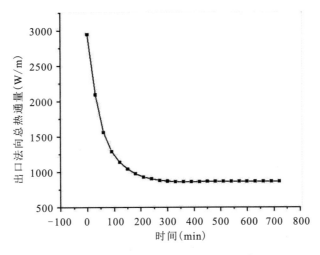

图3-10 流体出口法向总热通量随时间的变化示意图

3.5.2 流体注入速度对单裂隙岩体渗流传热过程的影响分析

流体注入速度在干热岩地热资源开采的过程中是极其重要的系统运行参数，在地热工程中一般称为流体回灌速度，为了探究流体注入速度对单裂隙岩体渗流传热的影响，设置流体注入温度为293K，研究了不同流体注入速度（0.0001～0.001m/s）下的单裂隙岩体渗流传热过程。

1）流体注入速度对流体温度场的影响

不同流体注入速度下稳态流体温度场的分布情况如图3-11所示。由图可以看出在不同的流体注入速度下，流体在沿着裂隙流动的过程中，流体的温度都会和岩体发生对流换热作用而使其温度逐渐上升。不同的是，随着流体注入速度的增大，裂隙中心各点的温度都会降低，0.01m/s时的出口温度要比0.001m/s时降低约10.18%，而且各点的温度都随着速度的上升略有下降（图3-12）。这是因为流体注入速度越小，流体和岩体之间的对流换热作用进行得越充分，充分的热交换作用使得流体的温度升高。

2）流体注入速度对岩体温度场的影响

流体注入速度对岩体温度场也有着重要的影响：一方面是对岩体温度场达到稳态时温度场分布特征的影响；另一方面是对岩体温度场达到稳态时所需要时间的影响。

图3-13为岩体在不同流体注入速度下稳态时的温度场云图，从图中可知随着流体注入速度的增大，岩体温度场中受扰动的区域面积越大，单裂隙岩体的平均温度越小（图3-14），单裂隙岩体的平均温度0.001m/s时要比0.0001m/s时降低约6.15%。这是因为流体注入速度的增大使得在单位时间内更多的低温流体进入岩体，从而使得单位时间内岩

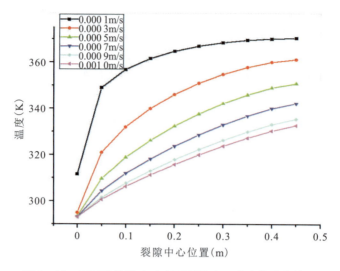

图 3-11　不同流体注入速度下裂隙中心温度的分布情况

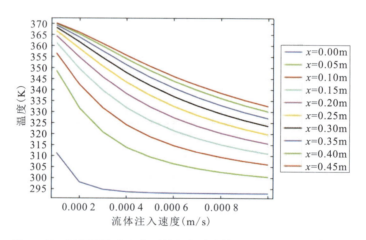

图 3-12　不同裂隙中心位置的温度随流体注入速度的变化示意图

体中更多的热量被流体带走，这样也就扩大了岩体温度场的扰动范围和幅度，降低了岩体整体的平均温度。

不同的流体注入速度下，岩体温度场达到稳态时所需要的时间也不一致。图 3-15 为不同流体注入速度下岩体出口流体平均温度随时间的变化情况。可以看出流体速度越大，流体出口平均温度达到稳态时（即系统达到稳态）所需要的时间也就越短。

3) 流体注入速度与干热岩地热工程

在干热岩地热资源开发利用的过程中，出口温度（决定工程寿命）、出口法向总热通量以及出口总热量（决定工程效益）是 3 个极其重要的参数，流体注入速度与这几个参数具有密切的关系：当流体注入速度较大时出口温度下降得就会越快，地热工程的系统寿命（系统寿命定义为系统出口流体温度大于生产要求温度的维持时间）也就越短。同时当流体注入速度较小时，流体可以被岩体充分加热，流体中含有的总热量便会增加，但是单位时间内流体从出口带出的热量会由于流体体积的减小而下降；如果流体的流速较大，虽然单位时间内流

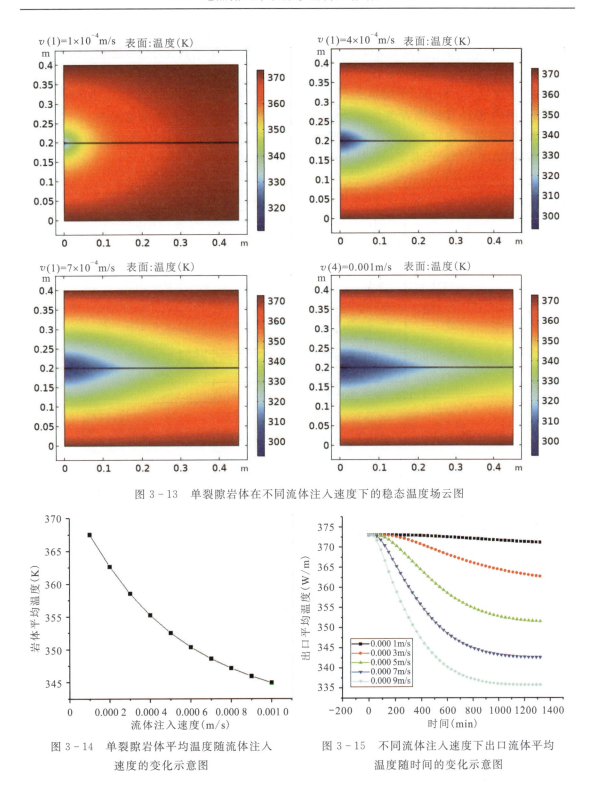

图 3-13 单裂隙岩体在不同流体注入速度下的稳态温度场云图

图 3-14 单裂隙岩体平均温度随流体注入速度的变化示意图

图 3-15 不同流体注入速度下出口流体平均温度随时间的变化示意图

出的流体的体积会增加,但是流体由于没有被充分加热其中携带的热量就会相对较小。因此在地热工程中在保证出口温度的情况下,也要追求出口法向总热通量和出口总热量的最佳值。因此存在最佳流体注入速度。本书针对最佳流体流速的选择展开了分析，确定生产温度为303K（30℃），分别对不同流体速度下（0.005～0.015m/s）的系统寿命以及效益进行研究。

图3-16为不同流体注入速度下出口流体平均温度随时间的变化情况，由图中可以看出流体注入速度越大出口流体平均温度下降越迅速，越容易趋于稳定状态，且在稳定时其温度值越低。同时可以看出随着流体注入速度的增大，系统的寿命就会越短（图3-17），0.015m/s的系统寿命相比0.007m/s的降低约81.82%。其中流体注入速度为0.005m/s时的出口温度始终大于生产温度，后续不再讨论。

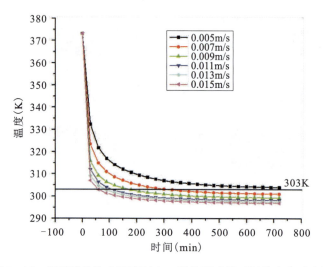

图3-16 不同流体注入速度下出口平均温度随时间的变化示意图

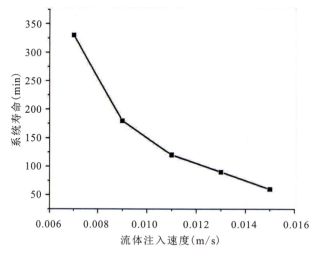

图3-17 流体注入速度与单裂隙岩体系统寿命的关系示意图

图3-18为不同流体注入速度下流体出口法向总热通量随时间的变化情况，由图中可以看出，不同流体注入速度下的出口法向总热通量随着时间的推移都呈现出先迅速下降然后逐渐趋于稳定的规律。不同的是，在起始阶段出口法向总热通量随着流体注入速度的增大而迅速增大，其中起始阶段0.015m/s时的出口法向总热通量要比0.007m/s时的出口法向总热

通量增加约 114.27%，但是在稳定阶段存在最佳流体注入速度使得出口法向总热通量最大，图 3-19 为稳定期出口法向总热通量随时间的变化情况，此时 0.009m/s 为最佳流体注入速度。

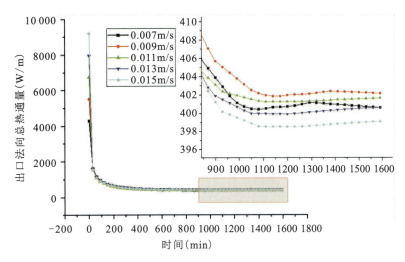

图 3-18　不同流体注入速度下出口法向总热通量随时间的变化示意图

为了更进一步评价流体参数对系统运行和效益的影响，研究了系统在不同流体注入速度下寿命期间的出口法向总热量，如图 3-20 所示。出口法向总热量的计算公式为：

$$Q = (T_w - T) \cdot \rho \cdot C \cdot v \cdot d \tag{3-14}$$

式中，Q 为出口法向总开采热量；T_w 为出口温度；T 为流体注入温度；ρ 为流体密度；C 为流体比热容；v 为流体速度；d 为裂隙开度。

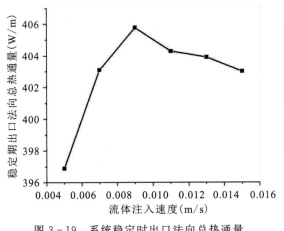

图 3-19　系统稳定时出口法向总热通量随流体注入速度的变化示意图

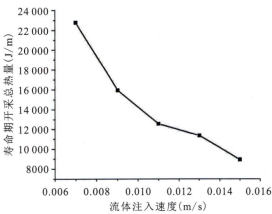

图 3-20　在系统寿命期内出口法向总热量随流体注入速度的变化示意图

从图 3-20 可以看出，在系统寿命期内出口法向总热量随着流体速度的增大而降低，其中 0.015m/s 时的出口法向总热量要比 0.007m/s 时降低约 56.37%。

从以上分析可以看出，在地热工程开发过程中设计流体注入速度时，应该综合考虑能源的需求和设备的性能等。

3.5.3 流体注入温度对单裂隙岩体渗流传热的影响

流体注入温度在干热岩地热资源开采的过程中也是一个极其重要的参数,在地热工程中流体注入温度称为回灌流体温度。为了探究流体注入温度对单裂隙岩体渗流传热的影响,在本书中流体注入速度为 0.005m/s,流体注入温度的研究范围为 273~323K（0~50℃）,并以 10K 为步长,研究流体注入温度对单裂隙岩体渗流传热的影响。

1) 流体注入温度对流体温度场的影响

采用以上研究设置,得到不同流体注入温度下裂隙中心各监测点的温度分布（图 3-21）。从图中可以看出,各流体注入温度下的流体温度场总体特征基本一致:随着流体注入温度的升高,单裂隙岩体稳态时裂隙中心各点的温度整体上呈现出上升的趋势（图 3-22）,流体注入温度为 323K（50℃）时裂隙出口流体温度值相比于 273K（0℃）时增加了约 15.21%。这主要是因为流体注入温度越高,则流体与岩体之间的温差越小,两者之间更容易达到动态平衡状态,流体从岩体中带走的热量更少,从而使得裂隙中心各点的温度值较高。

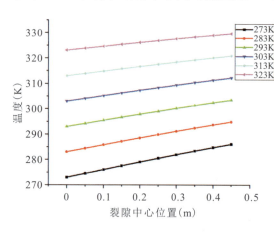

图 3-21 不同流体注入温度下裂隙中心温度分布示意图

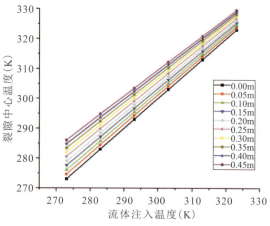

图 3-22 裂隙中心各点温度随流体注入温度的变化示意图

2) 流体注入温度对岩体温度场的影响

各流体注入温度下单裂隙岩体稳态温度场的分布情况如图 3-23 所示。从图中可以看出,各流体注入温度下单裂隙岩体温度场的总体特征基本一致,但是随着流体注入温度的升高,稳态岩体温度场受扰动的区域面积逐渐减少,稳态岩体平均温度呈现出上升的趋势,如图 3-24 所示,其中流体注入温度为 323K（50℃）时的稳态岩体平均温度要比 273K（0℃）时增加约 7.1%。同时从图 3-23 可以看出随着注入温度的升高,稳态岩体温度场的温度等值线越稀疏。图 3-25 为不同流体注入温度下岩体平均温度随时间的变化情况,可以看出,不同流体注入温度下,岩体温度场达到稳态所需要的时间也不一致,流体注入温度越低岩体达到稳定状态时所需要的时间就会越长。

产生以上现象的原因可以概括为:流体注入温度越高,则流体和岩体之间的温差就会越小,热量转移动力的降低使得岩体温度场扰动的区域和幅度均有所降低,同时降低了两者之间的换热效率,从而形成了比较稀疏的岩体温度等值线。

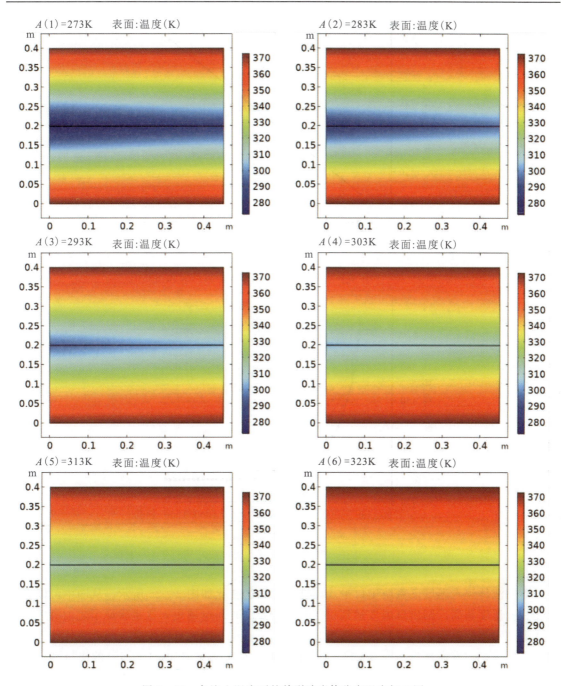

图3-23 各注入温度下的单裂隙岩体稳态温度场云图

3) 流体注入温度与干热岩地热工程

为了探究流体注入温度在干热岩地热工程中的重要作用,研究了流体注入温度对系统出口平均温度、出口总热通量和出口总热量的影响,本书选择273~323K(0~50℃)为流体注入温度的研究范围,以10K为步长,333K(60℃)为生产温度,研究了不同流体注入温度对相关参数的影响机理。

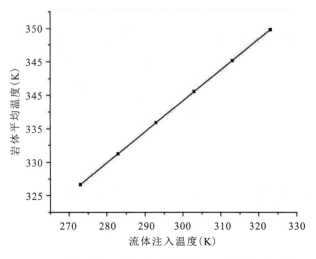

图 3-24　稳态岩体平均温度随流体注入温度的变化示意图

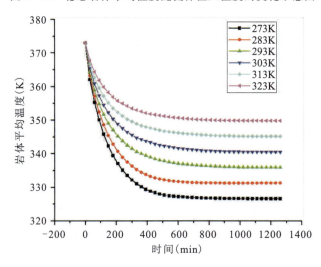

图 3-25　不同流体注入温度下岩体平均温度随时间的变化示意图

不同流体注入温度下系统出口平均温度随时间的变化如图 3-26 所示。从图中可以看出流体注入温度越高，则出口温度达到稳态时所需要的时间也越短，这也验证了之前关于流体注入温度对岩体温度场达到稳态所需要时间的相关论述。同时可以发现，随着流体注入温度的升高，系统的寿命越长（图 3-27），其中流体注入温度为 323K（50℃）的出口平均温度始终大于生产温度，流体注入温度为 313K（40℃）时的系统寿命相比于 273K（0℃）时增加了约 280%。

不同流体注入温度下出口法向总热通量随时间的变化如图 3-28 所示。可以看出，不同流体注入温度下的出口法向总热通量随时间的变化都具有相同的规律，即随着时间的推移，出口法向总热通量都先随时间的推移逐渐下降之后在某一位置逐渐趋于稳定状态，稳定时说明整个系统的温度场也处于动态平衡。同时稳定后的出口法向总热通量和注入流体温度之间基本上呈现出线性关系，流体注入温度为 313K（40℃）时的出口总热通量比 273K（0℃）时提升了 262.74%，如图 3-29 所示。

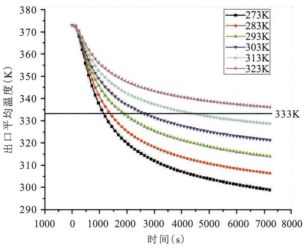

图3-26 不同流体注入温度下系统出口平均温度随时间的变化示意图

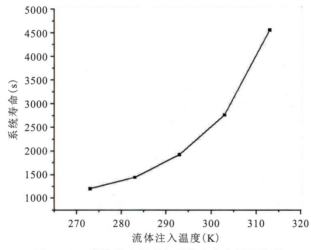

图3-27 流体注入温度与系统寿命之间的关系

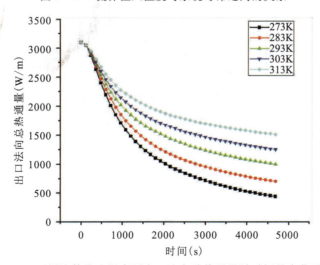

图3-28 不同流体注入温度下出口法向总热通量随时间的变化示意图

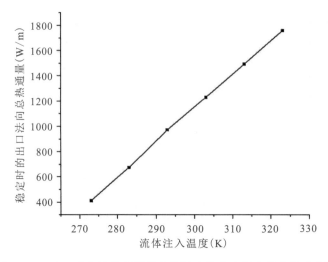

图 3-29 出口法向总热通量稳定值随流体注入温度的变化示意图

为了更进一步地评价系统的性能，研究了不同流体注入温度下，系统在寿命期开采出的总热量，得到不同流体注入温度下，系统在寿命期内的出口法向总热量如图 3-30 所示，从图中可以看出在寿命期内，出口法向总热量随着流体注入温度的升高而不断地增加，流体注入温度为 313K（40℃）时的出口法向总热量比 273K（0℃）时提升了约 289.80%。因此在干热岩地热资源开发的过程中要综合考虑工程能源的需求以及经济效益等来设计回灌流体温度。

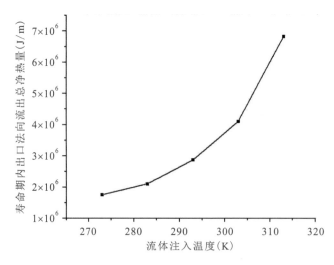

图 3-30 在寿命期内的出口总热量随流体注入温度的变化示意图

3.6 本章小结

本章基于多相不连续介质假设，建立了单裂隙岩体渗流传热模型，对单裂隙岩体渗流传热过程采用 COMSOL Multiphysics 数值模拟软件进行了数值模拟研究，分析了单裂隙岩体稳态温度场的分布演化特征,并分析了不同流体注入速度和注入温度对单裂隙岩体的渗流传热过程的影响及其在地热工程中的相关应用。得到的主要结论如下:

(1) 单裂隙岩体温度场分布演化特征。单裂隙岩体系统运行过程中受扰动的温度场向流体流动的方向和裂隙两侧逐渐发展,运行到 400min 左右时开始趋于稳定,稳态时越靠近出口方向,岩体的等温线就会越稀疏,流体和岩体之间的热交换作用越弱。

(2) 流体参数对渗流传热的影响。一方面流体注入速度的增加和注入温度的降低会增加岩体受扰动的幅度,这是因为这些变化增加了岩体和流体的换热效率。流体注入速度为 0.001m/s 时岩体的平均温度要比 0.0001m/s 降低约 6.15%,流体注入温度为 323K (50℃) 时岩体的平均温度要比 273K (0℃) 时增加约 7.1%;另一方面流体速度的增大和流体温度的升高会降低岩体温度场达到稳态时所需要的时间。

(3) 流体参数对地热工程的影响。为了评价流体参数对地热工程的相关影响,定义了生产温度、出口法向总热量以及在系统寿命期的出口法向总热量分别用于评价地热系统的寿命、效率以及效益。通过分析发现,流体注入速度的提升会降低系统的寿命,流体注入速度为 0.015m/s 的系统寿命相比 0.007m/s 时降低约 81.82%,并且降低了系统在寿命期的出口法向总热量值,其中流体注入速度为 0.015m/s 时的出口法向总热量要比 0.007m/s 时降低约 56.37%,但是 0.011m/s 时的出口法向总热通量值却是最高的。流体注入温度的提升会增加系统的寿命,流体注入温度为 313K (40℃) 时的系统寿命相比于 273K (0℃) 时增加了约 280%,同时也增加了系统的出口法向总热通量和总热量,分别比 273K (0℃) 时提升了 262.74%、289.80%。

§4 地热储层粗糙单裂隙渗流传热影响机理研究

随着世界能源危机日益严重以及新型清洁能源的崛起,以花岗岩为主要岩类的干热岩,作为一种清洁可再生能源,与其他能源相比优势显著。以干热岩为基础的增强型地热系统(EGS)正获得世界各国的广泛关注。利用增强型地热系统开采热能的主要过程本质上是高温裂隙岩体的渗流传热过程,研究裂隙面形态特征以及流体初始流速等对高温花岗岩单裂隙渗流传热稳态过程的影响机理,将为增强型地热系统的热能开采提供理论支持和指导意义。

本章主要研究裂隙粗糙度、裂隙宽度、流体初始流速对高温花岗岩单裂隙渗流传热稳态过程的影响机理。首先,主要通过前期制备好的岩样进行巴西劈裂试验、三维激光扫描后,在 Geomagic 建模软件中生成二维裂隙轮廓线以及三维裂隙面,对二维、三维裂隙粗糙度进行定量描述。其次,结合具有不同粗糙度的二维裂隙轮廓线,在 COMSOL 数值模拟软件中建立二维单裂隙渗流传热局部热平衡模型(LTE),分析讨论裂隙粗糙度、裂隙宽度、流体初始流速对单裂隙渗流传热稳态过程的影响规律。之后结合现有文献的试验数据,在 COMSOL 数值模拟软件中建立二维单裂隙渗流传热局部非热平衡模型(LTNE),分析讨论局部裂隙的对流换热情况。最后,基于 Morris 法进行高温岩体单裂隙渗流传热参数灵敏度分析,通过对比讨论,总结裂隙粗糙度、裂隙宽度以及流体初始流速对高温花岗岩单裂隙渗流传热系统的影响机理及参数之间的相互作用。

4.1 裂隙粗糙度定量描述

迄今为止,国内外学者对于粗糙度表征的数据采集和评价方法进行了一系列研究,早期由于测量工具的影响,粗糙度测量手段多为接触式测量,采样精度较低,研究进展缓慢。如今,以三维激光扫描法、图像摄影法、ATS 照相量测系统为主的非接触测量方式,作为采集裂隙面形态特征数据的新方法,具有采样精度更高,试验周期更短,操作手法更简单便捷的优点,利用该方法进行裂隙面形态特征数据获取成为该领域中的研究趋势。

为了保证后续研究的可靠度,构造真实的裂隙面,对其进行有效测量与评价很有必要性。因此本章以花岗岩为研究对象,对其进行巴西劈裂试验获得真实裂隙面,之后通过三维激光扫描技术获取表征裂隙面起伏形态的点云数据,将点云数据导入 Geomagic 软件中进行数据处理,根据后续研究需求进行等间距剖分,提取二维裂隙轮廓线和三维裂隙面,最后进行粗糙度特征参数计算以及结果分析。

具体试验路线如图 4-1 所示。

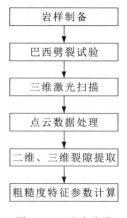

图 4-1 试验路线

4.1.1 岩样制备

本研究所采用的花岗岩岩样（图4-2）矿物成分与常见花岗岩组分基本一致，即石英、钠长石以及云母等，岩样密度为 $2.6g/cm^3$ 左右。使用 Bruker AXS D8-Focus X 射线衍射仪进行岩石矿物组成分析，结果如表4-1所示。

表4-1 岩石矿物组成

矿物	石英	钠长石	云母	绿泥石	角闪石
含量（%）	10.58	77.68	6.28	3.24	2.22

图4-2 试验所用花岗岩

为消除岩样形态的影响，通过岩石切割机从 200mm×200mm×100mm 的长方体岩石块中切割，最终制成 10 块 100mm×100mm×80mm 的长方体岩样。

4.1.2 巴西劈裂试验

现阶段常用的拉伸试验主要有两种，分别是直接拉伸试验和巴西劈裂试验。直接拉伸试验虽然能够准确获得岩石的抗拉强度，但是存在试验耗时长，操作过程复杂，经济性较差等缺点。考虑到本书中岩样的抗拉强度不是研究重点，巴西劈裂试验已经能够满足研究要求，因此采用巴西劈裂试验来构造裂隙面，其试验原理如图4-3所示。

承压板上的钢质垫条压紧岩样，通过钢质垫条向岩样传递线荷载，此时平行于岩样端面的界面上出现点荷载作用，使岩样内部产生垂直于上、下荷载作用方向的拉应力，最终使岩样受拉破裂。

本研究采用 RFP-03 型力学试验机（图4-4），试验岩样高宽比在 0.78~1.04 之间，符合巴西劈裂试验要求。具体试验操作步骤是：

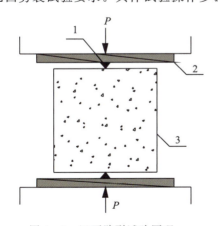

图4-3 巴西劈裂试验原理
1. 钢质垫条；2. 钢质承压板；3. 岩石试样

图4-4 力学试验机

（1）将长方体岩样置于钢质承压板之间，调节夹持螺钉使承压板上的钢质垫条压紧岩样,上下钢质垫条位于与岩样端面垂直的对称轴面上以达到最好的劈裂效果(图4-4)。

(2)启动力学试验机,对试验机进行初始化操作。松开夹持螺钉,以固定加载速度均匀加载直至岩样破裂。记录最大压力值,更换岩样,重复上述步骤。

4.1.3 三维激光扫描

表征裂隙面粗糙形态的特征参数的获取,均以取得裂隙面的粗糙信息为前提。因此,要想计算裂隙面某一特征参数,首先需要对裂隙面进行量测。现阶段主要的测量方式大致分两种,分别是接触式量测以及非接触式量测。

接触式量测主要是通过探针的触点在裂隙面上沿直线移动,并应用数据转换处理设备记录裂隙面上对应的粗糙信息。使用这种方式获取粗糙信息的设备有:自由升降针状轮廓尺;根据转绘仪工作原理研制的简易剖面仪;便携式接触打孔器等。接触式量测方式的主要优点在于原理简单、设备简易、便于外出携带。但存在诸多缺点:①探针接触点的硬度会影响测量精度,探针硬度大,可能会对裂隙接触面造成一定程度的磨损,而探针硬度太小也会导致测量精度不足;②探针的大小会对裂隙面粗糙信息的获取有影响,比如裂隙表面的波状起伏中,若是相邻两波峰之间的距离小于接触探针的直径,那么接触探针就无法触及波峰之间的波谷,造成波谷中粗糙信息无法获取,致使最后获得的粗糙信息与原裂隙面粗糙信息存在较大误差,无法反映裂隙面的真实情况;③接触式量测设备通常一次只能获取单条轮廓线的粗糙信息,虽然操作简单,但获取多条轮廓线粗糙信息时费时费力,并且进行测量时,设备的移动速度过快可能会导致探针的滑移,很难保证采样间距的一致。

近年来随着科技发展以及设备的革新,现在应用比较广泛的是非接触式量测。非接触式测量的方法和设备多种多样,主要包括但不限于三维激光扫描法、图像摄影法、ATS照相量测系统。非接触式量测相比于接触式量测优势明显,主要在于:①设备不直接接触裂隙面,不会对裂隙面的原有特征造成破坏;②测量精度相对较高,误差能够控制在合理范围内;③测量迅速,试验耗时短,能够对裂隙面的粗糙信息进行一次获取,工作效率高。

依据上述分析以及实验室所具备的条件,本书采用三维激光扫描技术来获取裂隙面粗糙特征信息。三维激光扫描系统主要包括扫描仪、控制器和电源供应系统。它的工作原理是:扫描仪向被测点 P 发出激光脉冲,通过激光脉冲返回仪器所经过的时间来计算仪器与被测点 P 的距离,同时内置编码器同步测量激光脉冲与 XY 平面角度 θ 和与 YZ 平面角度 α (图4-5)。

通过 S,θ,α 就能计算被测点 P 的三维坐标:

$$X_p = S \cdot \cos\theta \cdot \sin\alpha \quad (4-1)$$
$$Y_p = S \cdot \cos\theta \cdot \cos\alpha \quad (4-2)$$
$$Z_p = S \cdot \sin\theta \quad (4-3)$$

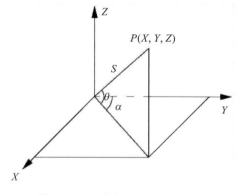

图4-5 三维激光扫描系统原理

根据以上原理,按照扫描前设置的测量精度,可以较完整获取裂隙面上各被测点的三维坐标值。进行扫描时,设备内部会默认生成一个三维坐标系,所有被测点的三维坐标数据都是以此坐标系为参照所获得的数据。根据实际工程中使用情况的不同,有时默认坐标系并不能满足实际需要,必须进行坐标系的变换,进行坐标系的变换需要有相应的点、线、面作为参考。为了方便后期处理数据时三维坐标系的变换，一般在进行三维激光扫描之前，需要在被扫描区域周围布置标靶点，扫描时记录标靶点的坐标值，将标靶点的坐标值作为后期数据处理时进行坐标系变换的依据，生成相应的点、线、面，用于辅助坐标系的变换。此外，标靶点的另一个作用在于三维模型拼接。实际应用中，部分被扫描物体远大于三维激光扫描仪器所能扫描的最大范围，因此需要进行多次扫描，之后对各扫描部分进行拼接，此时，标靶点的坐标数据也能作为拼接时的参考依据。

本书所采用的仪器型号为天远 freescan X5，这是一款便携的激光手持式三维扫描测量系统，精度高达 0.030mm，依据德国 VDI/VDE 2634 标准，扫描速度高达 350 000 次/s。质量轻，仅 0.95kg，可深入狭小空间操作，也能够适应室内、户外等各种复杂环境的测量任务。该仪器的优点主要有：①扫描速度快、操作简单；②测量空间大、稳定性好；③可满足多种扫描需求，不受物体大小、材质、颜色等影响。

详细仪器参数如表 4-2 所示。

表 4-2 天远 freescan X5 技术参数

技术参数	参数取值
质量	0.95kg
尺寸	130mm×90mm×310mm
光源	10 束交叉激光线，Class Ⅱ（人眼安全）
扫描速率	350 000 次/s
扫描区域	300mm×250mm
分辨率	0.100mm
测量精度	0.030mm
扩展测量配套方案	DigiMetric 摄影测量系统
工作距离	300mm
景深	250mm
测量范围（物件尺寸）	0.1～8.0m，可扩展
数据兼容软件	3D Systems (Geomagic® Solutions)、InnovMetric Software (PolyWorks)、Dassault Systemes (CATIA V5、SolidWorks)、PTC (Pro/ENGINEER)、Autodesk (Inwentor、3ds Max、Maya、Softimage)
操作温度范围	−10～40℃
连接标准	USB3.0

三维激光扫描操作过程如下：

（1）选择扫描区域，并在扫描区域布置标靶点（图 4-6）。

（2）将待扫描岩样放置于扫描区域，适当调整位置以满足扫描要求。

（3）开启手持三维激光扫描仪，进行参数调整。

（4）将电脑与三维激光扫描仪连接，打开数据采集软件，进行校准、标定相关设置。

（5）新建工程文件，手持三维激光扫描仪对岩样裂隙面进行扫描（图 4-7），同时观察软件中实时生成的点云数据，满足要求后，结束扫描。

（6）保存工程文件为 asc 格式的数据文件。

（7）替换岩样，重复进行（1）～（6），直至扫描完全部岩样。

图 4-6　布置标靶点后的岩样

图 4-7　三维激光扫描过程

获得点云数据文件后，需要对其进行适当处理以获得二维裂隙轮廓线及三维裂隙面。本书采用 Geomagic 软件进行裂隙轮廓线和裂隙面的提取。Geomagic 是一款通过扫描实物获得点云，并自动生成数字模型的自动化逆向工程软件。该软件能将点云数据转换为多边形，把多边形转换为 NURBS 曲面并进行曲面分析、公差分析等。它的主要优势在于：①确保用户获得较为完美的多边形和 NURBS 模型；②复杂曲面形状处理效率高于传统 CAD 软件；③能够作为一个独立的应用程序运用于快速制造，也可以与主要的三维扫描设备和 CAD/CAM 软件进行集成，或者作为 CAD 软件的补充；④软件独有的工程自动化、工作流程简化等特点，可缩短数据处理时间。

根据本研究的实际需求，使用 Geomagic 软件对点云数据的处理步骤如下：

（1）打开 Geomagic 软件，导入 asc 格式数据文件。

（2）使用"模型"工具栏中的"平面""线""点"工具生成参考坐标系，将点云数据的原始坐标系替换为参考坐标系，对点云数据坐标进行规范化处理，方便后续的坐标数据提取与计算（图 4-8）。

（3）对点云数据进行着色、删除、修剪等操作，除去不必要的数据点（图 4-9）。

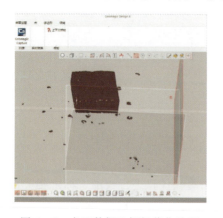
图 4-8　点云数据坐标规范化处理

图 4-9　删除不必要数据点

(4) 在保留原始点云数据的基础上，使用"封装"工具生成多边形曲面，进一步对曲面进行裁剪、删除钉状物、填充等操作，对曲面进行平滑处理。

(5) 将平滑曲面按间距 x 方向 0.53mm，y 方向 1mm 重生成规则点云数据，提取规则点云数据保存为 txt 格式数据文件。

4.1.4 粗糙度表征方法选择及试验数据处理

通过巴西劈裂试验以及三维激光扫描，已经获得包含裂隙面粗糙信息的点云数据，接下来结合文献调研结果选择合适的粗糙度表征方法，并计算表征方法对应的特征参数，最后分析讨论各参数之间的相互关系。

目前，粗糙度表征方法主要为分形维数法、综合参数法和数理统计法等。分形维数法虽然能较好地表征裂隙粗糙度，但是由于其理论在裂隙粗糙度领域的应用仍不够成熟，并且根据分形维数法计算出来的特征参数对采样间距较为敏感，不同的采样间距可能造成较大误差，因此现阶段主要集中于学术研究，几乎没有应用于工程实例。综合参数法是结合多种特征参数对裂隙粗糙度进行综合评价，虽然此类方法能够较完整地表征裂隙面的粗糙信息，但是在工程应用中，由于测量条件以及统计规模的限制，往往无法获得多种特征参数。因此，本研究选择数理统计法作为粗糙度表征方法。数理统计方法，简而言之就是对裂隙轮廓线（或者裂隙面）进行坐标化，将裂隙轮廓线离散成一系列三维坐标后，使用数理统计方法对其进行表征。它的一般流程是：①计算裂隙轮廓线的特征参数；②分析特征参数与 JRC 的相关性，并建立特征参数与 JRC 值的关系式；③利用图像数字化工具提取 Barton 粗糙度曲线，对关系式进行可靠性验证。

数理统计方法包含的特征参数有多个，主要有伸长率 R，相对起伏度 R_a、均方值 MS、均方根 RMS、中心线平均值 CLA，一阶导数均方根 Z_2，二阶导数均方根 Z_3，区分坡向特征的起伏度均值参数 Z_4、自相关函数 ACF 和结构函数 SF 等。

考虑到工程实践，合理的粗糙度特征参数应该满足：①测量方式便捷，操作简单，能够较迅速地获取裂隙面特征，计算出的特征参数具有较高的精确度和可靠度；②仪器轻便，具有较大的适用范围，适用于任意取样长度或取样面积的测量；③特征参数的计算不能过于复杂，应相对简单，并且在工程实践中易于推广。经过综合比较后，选择伸长率 R、相对起伏度 R_a 两个二维特征参数以及由这两个二维特征参数引申而来的三维特征参数面积扩展率 S 和结构面起伏度 R_s 进行研究，分析讨论上述参数与 JRC 之间的关系。关于结果分析中 JRC 的计算，由于一阶导数均方根 Z_2 与节理粗糙度系数 JRC 之间关系的研究已有不少，并建立了相应关系式，因此结合前期文献调研选择相关度较高的关系式作为 JRC 的计算式。

具体试验数据处理流程如下：

(1) 提取离散化后的裂隙轮廓线坐标值，分别计算其伸长率 R、相对起伏度 R_a，面积扩展率 S、裂隙面起伏度 R_s、一阶导数均方根 Z_2。

(2) 将一阶导数均方根 Z_2 代入关系式中，计算节理粗糙度系数 JRC 值以及三维平均粗糙度系数 JRCs。

(3) 绘制伸长率 R、相对起伏度 R_a 与节理粗糙度系数 JRC 的关系曲线以及面积扩展率 S、裂隙面起伏度 R_s 与平均粗糙度系数 JRCs 的关系曲线，进行分析讨论。

以下为二维、三维特征参数的相关计算公式。

伸长率 R:

$$R = \frac{L - L_0}{L_0} \quad (4-4)$$

式中，R 为伸长率；L 为粗糙轮廓线实际长度，mm；L_0 为粗糙轮廓线投影长度，mm。

相对起伏度 R_a:

$$R_a = \frac{Z_{max} - Z_{min}}{L_0} \quad (4-5)$$

式中，R_a 为相对起伏度；Z_{max} 为裂隙轮廓线最高点的 z 坐标值，mm；Z_{min} 为裂隙轮廓线最低点的 z 坐标值，mm；L_0 为粗糙轮廓线实际长度，mm。

一阶导数均方根 Z_2:

$$Z_2 = \frac{1}{L}\sqrt{\int_0^L \left(\frac{dy}{dx}\right)^2 dx} \quad (4-6)$$

根据本研究的实际需求，对 Z_2 的计算公式进行离散化，离散化后的公式如下：

$$Z_2 = \left[\sum_{i=1}^{n-1} \frac{(y_{i+1} - y_i)^2}{(x_{i+1} - x_i)^2}\right]^{1/2} \quad (4-7)$$

式中，Z_2 为一阶导数均方根；n 为采样数量；$y_{i+1} - y_i$ 为相邻采样点的 y 坐标差值，mm；$x_{i+1} - x_i$ 为相邻采样点的 x 坐标差值，mm。

结合前期调研结果，JRC 值的计算公式选择如下：

$$JRC = -4.41 + 64.46 \times Z_2 \quad (4-8)$$

面积扩展率 S:

$$S = \frac{A - A_0}{A_0} \quad (4-9)$$

式中，S 为面积扩展率；A 为裂隙面总面积，mm^2；A_0 为裂隙面投影面积，mm^2。

裂隙面起伏度 R_s:

$$R_s = \frac{\sum_{i=1}^m R_a^i}{m} \quad (4-10)$$

$$R_a^i = \frac{z_{max}^i - z_{min}^i}{L_0} \quad (4-11)$$

式中，R_s 为裂隙面起伏度；m 为裂隙面剖切的裂隙轮廓线数量；R_a^i 为第 i 条裂隙轮廓线的相对起伏度；z_{max}^i 为第 i 条裂隙轮廓线最高点的 z 坐标值，mm；z_{min}^i 为第 i 条裂隙轮廓线最低点的 z 坐标值，mm。

平均粗糙度系数 JRCs：

$$JRCs = \frac{\sum_{i=1}^m JRC_i}{m} \quad (4-12)$$

式中，JRCs 为平均粗糙度系数；JRC_i 为第 i 条裂隙轮廓线的 JRC 值；m 为裂隙面剖切的裂隙轮廓线数量。

4.1.5 二维裂隙粗糙度定量描述结果分析

试验数据处理结果如表 4-3 所示，由于裂隙轮廓线数量较大，以下只显示部分结果，其他结果会在后续分析中体现。

表 4-3 二维粗糙度数据处理结果

裂隙轮廓线编号	伸长率 R	相对起伏度 R_a	一阶导数均方根 Z_2	节理粗糙度系数 JRC
1	0.004 9	0.030 1	0.099 4	2.00
2	0.006 9	0.045 3	0.117 8	3.19
3	0.023 2	0.058 8	0.220 1	9.78
4	0.011 4	0.056 9	0.151 9	5.38
5	0.005 3	0.033 8	0.103 3	2.25
6	0.006 0	0.043 9	0.109 7	2.66
7	0.004 8	0.035 1	0.098 1	1.91
8	0.015 6	0.073 4	0.179 1	7.14
9	0.008 6	0.030 3	0.131 9	4.09
10	0.010 4	0.061 8	0.145 3	4.96
11	0.009 0	0.038 8	0.136 1	4.36
12	0.010 8	0.065 6	0.147 6	5.11
13	0.006 9	0.045 9	0.118 1	3.20
14	0.006 5	0.043 7	0.114 8	2.99
15	0.006 2	0.028 0	0.111 7	2.79
16	0.011 1	0.057 8	0.150 2	5.27
17	0.013 0	0.058 7	0.162 4	6.06
18	0.019 1	0.087 8	0.197 0	8.30
19	0.016 1	0.077 8	0.181 2	7.27
20	0.015 6	0.075 5	0.178 5	7.10

4.1.5.1 张拉裂隙与剪切裂隙伸长率 R 与相对起伏度 R_a 的分布

伸长率 R 与相对起伏度 R_a 的分布图如图 4-10 所示。图 4-10（a）为本研究数据处理结果分布图。图 4-10（b）是学者李化（2014）采集怒江松塔水电站右岸工程岩体试样进行直剪试验后，测量 400 多条结构面起伏曲线得到的伸长率 R 和起伏度 R_a 分布。可以观察到大量数据点集中于某一区域，因此采用虚线对密集区域进行划分。左右图虚线区域内数据点占比分别为 98% 与 97.95%。图 4-10（b）中裂隙面是由直剪试验所得，而本书是通过巴西劈裂获得的裂隙面。从图中可以看到，通过剪切生成的裂隙，伸长率范围大致在 0.04 以内，相对起伏度在 0.06 以内；通过张拉生成的裂隙伸长率范围大致在 0.02 以内，相对起伏度在 0.09 以内。从统计结果看，剪切裂隙普遍分布的伸长率范围相比于张拉裂隙的伸长率范围更大，而相对起伏度则更小，说明相比于张拉裂隙，剪切裂隙产生的表面更加粗糙，但起伏程度则普遍小于张拉裂隙。

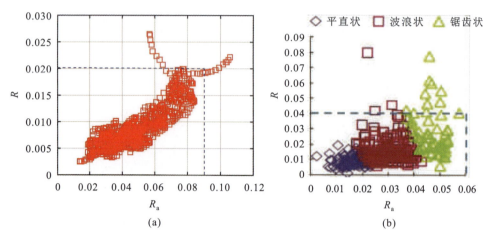

图 4-10　伸长率 R 与相对起伏度 R_a 分布
（a）直剪试验裂隙面；（b）巴西劈裂裂隙面

4.1.5.2　伸长率 R、相对起伏度 R_a 与节理粗糙度系数 JRC 的关系

伸长率 R、相对起伏度 R_a 与节理粗糙度系数 JRC 关系曲线如图 4-11 所示。从图中可以观察到，相比于相对起伏度 R_a，伸长率 R 与 JRC 的关系更加清晰，随着 JRC 值的增加大致呈二次函数式增长。而相对起伏度 R_a 的分布与 JRC 也有一定相关性。对图中数据进行二次函数拟合，拟合关系式如下：

$$\mathrm{JRC} = -9\,576.88 R^2 + 678.04 R - 1.07 \tag{4-13}$$

$$\mathrm{JRC} = 528.64 R_a^2 + 33.98 R_a + 0.99 \tag{4-14}$$

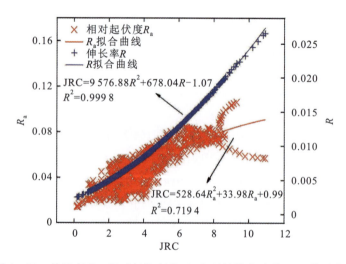

图 4-11　伸长率 R、相对起伏度 R_a 与节理粗糙度系数 JRC 关系曲线

结果显示，伸长率 R 与节理粗糙度系数 JRC 的拟合优度高达 0.999 8，而相对起伏度 R_a 与 JRC 的拟合优度为 0.719 4。

虽然从上述分析可以发现伸长率 R 与节理粗糙度系数 JRC 的相关性较高，然而式（4-13）的二次项系数和一次项系数分别为 -9 576.88、678.04。系数的数值较大，在后期使用中若存在取值误差，则通过式（4-13）的计算结果会进一步扩大误差。考虑到伸长率 R 与节理粗糙度系数 JRC 的增长关系近似于二次函数，因此尝试将伸长率 R 进行开方后，作出 $R^{0.5}$ 与节理粗糙度系数 JRC 的关系曲线并进行拟合。由于先前的研究中，有学者对 $R+1$ 与 JRC 的关系进行过研究，在此也一并考虑。分析结果如图 4-12 所示。拟合关系式如下：

$$\text{JRC} = -38\ 398.27(R+1) + 78\ 157.14(R+1)^{0.5} - 39\ 759.95 \quad (4-15)$$

$$\text{JRC} = 92.98 R^{0.5} - 4.53 \quad (4-16)$$

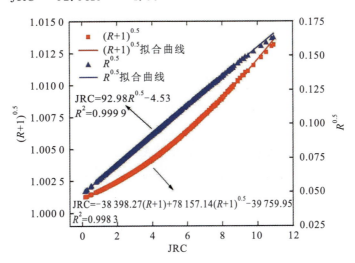

图 4-12　$R^{0.5}$、$(R+1)^{0.5}$ 与节理粗糙度系数 JRC 关系曲线

可以观察到 $(R+1)^{0.5}$ 与节理粗糙度系数 JRC 的拟合程度虽然高达 0.998 3，然而二次项系数和一次项系数相比于式（4-13）进一步扩大。而 $R^{0.5}$ 与节理粗糙度系数 JRC 有明显的线性关系，且拟合优度为 0.999 9，在保证高相关性的基础上，各系数值较小，形式也更简单。式（4-16）更适合应用于工程实践。

4.1.6　三维裂隙粗糙度定量描述结果分析

试验数据处理结果如表 4-4 所示，由于岩样数量有限，为扩大数据量，方便后期分析，将一个岩样裂隙面沿固定边长剖分为 4 个等长、宽的裂隙面，10 块岩样共计剖分为 40 个裂隙面。以下为部分裂隙面试验数据处理结果，其他结果会在后续分析中体现。

4.1.6.1　面积扩展率 S 与裂隙面起伏度 R_s 的分布

面积扩展率 S 与裂隙面起伏度 R_s 的分布如图 4-13 所示。可以观察到，面积扩展率 S 与裂隙面起伏度 R_s 的分布与二维情况下的分布类似，大体上呈现出随 R_s 的增加，面积扩展率 S 也逐渐增加的趋势，但并未表现出明显的相关性，只是在分布上大致位于图中的虚线区域内部。

表 4-4　三维粗糙度数据处理结果

裂隙面编号	面积扩展率 R	裂隙面起伏度 R_a	一阶导数均方根 Z_2	节理粗糙度系数 JRC
1	0.017 9	0.040 8	0.116 2	3.08
2	0.012 0	0.057 3	0.138 8	4.54
3	0.013 3	0.064 5	0.138 6	4.53
4	0.020 4	0.073 1	0.174 3	6.82
5	0.019 3	0.054 6	0.140 6	4.65
6	0.026 4	0.067 4	0.196 6	8.27
7	0.021 0	0.077 2	0.188 2	7.72
8	0.025 4	0.071 5	0.184 1	7.46
9	0.012 9	0.049 0	0.126 7	3.76
10	0.014 9	0.065 3	0.161 6	6.01
11	0.014 0	0.049 2	0.129 2	3.92
12	0.016 5	0.035 7	0.102 4	2.19
13	0.018 4	0.043 0	0.107 1	2.49
14	0.008 8	0.058 4	0.132 4	4.13
15	0.011 2	0.034 6	0.105 9	2.42
16	0.008 9	0.027 2	0.123 2	3.53
17	0.010 6	0.036 2	0.119 0	3.26
18	0.005 8	0.022 2	0.089 7	1.37
19	0.012 3	0.022 3	0.094 5	1.68
20	0.014 6	0.044 3	0.130 4	3.99

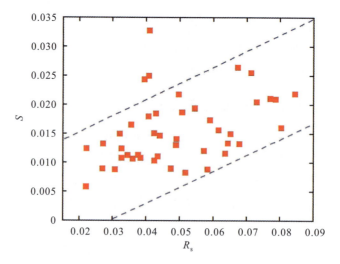

图 4-13　面积扩展率 S 与裂隙面起伏度 R_s 的分布

4.1.6.2 面积扩展率 S、裂隙面起伏度 R_s 与平均粗糙度系数 JRCs 的关系

图 4-14 为面积扩展率 S、裂隙面起伏度 R_s 与平均粗糙度系数 JRCs 的关系曲线。以下为相应的拟合关系式：

$$\text{JRCs} = 94.17R_s - 0.52 \tag{4-17}$$

$$\text{JRCs} = 193.03S + 1.31 \tag{4-18}$$

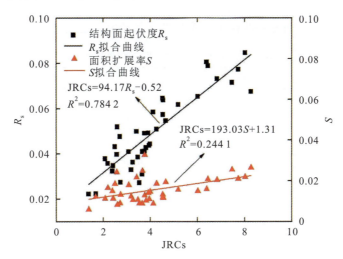

图 4-14 面积扩展率 S、裂隙面起伏度 R_s 与平均粗糙度系数 JRCs 的关系曲线

可以观察到，相比于二维情况，三维情况下 S、R_s 与平均粗糙度系数 JRCs 的拟合优度 R^2 并不是很高，分别为 0.244 1 以及 0.784 2。与二维情况不同的是，三维情况下，伸长率 R 对应的面积扩展率 S 与 JRCs 的相关性降低，相对起伏度 R_a 对应的裂隙面起伏度 R_s 与 JRCs 的相关性上升。总体来看，三维情况下无论是面积扩展率 S，还是裂隙面相对起伏度 R_s，与 JRCs 的相关性并不是很高。

根据李化等（2014，2018）的研究，将伸长率 R 和相对起伏度 R_a 两个特征参数结合起来评价裂隙粗糙度有合理的数学依据。同理，面积扩展率 S 与裂隙面起伏度 R_s 的结合也有相应的数学依据。因此，采用本研究的试验数据，分别对 R、R_a 与 JRC，S，R_s 与 JRCs 进行多元回归分析，得到回归公式如下：

$$\text{JRC} = 93.617\,9R^{0.5} - 0.869\,1R_a - 4.541\,9 \tag{4-19}$$

$$\text{JRCs} = 47.75S + 87.22R_s - 0.92 \tag{4-20}$$

式（4-19）、式（4-20）的拟合优度 R^2 分别为 0.999 8、0.805 9。对比回归公式的拟合优度 R^2 与之前的拟合公式，可以发现，二维情况下，式（4-19）的拟合度仍然很高，相比式（4-16）仅下降 0.000 1。不过具体观察式（4-19）中伸长率 R、相对起伏度 R_a 的取值范围以及对应系数可以发现，伸长率 R 的取值对最后的结果仍具有较大影响，式（4-19）本质上与式（4-16）区别不大。三维情况下，相比于各特征参数单独拟合的式（4-17）及式（4-18），两者结合所得到的式（4-20）具有更高的拟合度，一定程度上证明了上述学者理论的合理性。

从本研究的结果来看，综合二维、三维粗糙度的分析结果考虑，工程实践中，对于裂隙

面粗糙度的评价,结合伸长率 R(面积扩展率 S)和相对起伏度 R_a(裂隙面起伏度 R_s)进行评价的方法是相对合理的。

最后,通过 Origin 自带的图像数字化工具提取 Barton(1977)10 条粗糙度轮廓曲线(也称巴顿曲线),使用式(4-19)进行计算得到的结果如表 4-5 所示。JRC 值均在规定的范围内,证明采用式(4-19)进行二维粗糙度表征具有一定可靠度。而针对三维情况下的粗糙度评价,目前尚未有权威的评价方法,式(4-20)的拟合度也并不是很高,关于三维情况下的粗糙度评价方法仍有待进一步研究。本书的后续研究中也仅考虑二维裂隙。

表 4-5 Barton 粗糙度曲线计算结果

Barton 粗糙度	伸长率 R	相对起伏度 R_a	节理粗糙度系数 JRC
0～2	0.003 2	0.003 9	0.74
2～4	0.006 4	0.011 4	2.93
4～6	0.010 5	0.010 1	5.02
6～8	0.016 0	0.014 3	7.30
8～10	0.019 8	0.034 3	8.59
10～12	0.026 7	0.061 2	10.71
12～14	0.034 9	0.054 9	12.90
14～16	0.040 8	0.065 8	14.23
16～18	0.051 8	0.067 7	16.70
18～20	0.066 8	0.042 7	19.62

4.1.7 裂隙粗糙度的定量描述总结

通过巴西劈裂试验、三维激光扫描获得表征裂隙面形态特征的点云数据,经过 Geomagic 建模软件处理后,提取二维裂隙轮廓线以及三维裂隙面坐标数据,利用 Excel 软件计算其伸长率 R,相对起伏度 R_a 并进行对比分析,之后进行公式拟合以判断参数的表征效果。

(1)剪切裂隙普遍分布的伸长率范围相比于张拉裂隙的伸长率范围更大,而相对起伏度则更小。相比于张拉裂隙,剪切裂隙产生的表面更加粗糙,但起伏的程度则普遍小于张拉裂隙。伸长率 R 随着节理粗糙度系数 JRC 增加呈二次函数式增长,相关性较强。伸长率 R 的 0.5 次方与节理粗糙度系数 JRC 有明显的线性关系。

(2)三维情况下,面积扩展率 S 与裂隙面起伏度 R_s 存在一定统计分布规律,相关性不明显。将三者进行多元回归分析,拟合优度 R^2 为 0.805 9,高于单独拟合时的拟合优度,证明采用两个参数共同评价粗糙度一定程度上是合理的。

4.2 粗糙单裂隙渗流传热局部热平衡数值模拟研究

4.2.1 裂隙岩体渗流传热基本理论

4.2.1.1 岩体的裂隙特征

岩体是一种由岩石块体和结构面网络组成的,具有一定结构的地质体。它存在于地下水和一定天然应力状态等地质环境中。在漫长的地质历史形成过程中，完整的岩石长期经受着强烈复杂的地质作用。产生了如断层、节理、层理、裂隙等不同种类和规模的结构面。岩石块体坚硬致密，几乎没有孔隙，具有较高的强度和不可压缩性。然而岩体中常常存在着规模较大，强度较低，容易产生形变的软弱结构面，这部分结构面对工程岩体的物理力学性质、渗透性、应力传递、传热特性等有明显的影响作用。简而言之，软弱结构面往往控制着岩体的主要特征。

对于裂隙岩体而言，其中存在的空隙主要有两种，分别是岩石块体的孔隙以及作为岩体结构面的裂隙。裂隙是一种在平面方向上的尺度远远大于与其垂直的第三方向尺度的结构面。根据以往众多地质调查结果显示，裂隙岩体中的裂隙数量远少于裂隙岩体中的孔隙数量。然而相比于孔隙，裂隙形成了连续的、交叉网络状的通道，具有更加连通的流动空间，过水能力更强。另外，裂隙较大尺度的平面能与流过其中的流体充分接触，若流体与岩体存在温差，则会产生显著的热交换作用，因此在研究与岩体有关的流动、传热问题中，常把裂隙作为研究对象。孔隙由于本身渗透率较小，不具备强过水能力，在流动、传热问题中一般忽略不考虑。

4.2.1.2 裂隙岩体的渗流基本理论

目前关于裂隙岩体渗流问题的研究往往忽略岩石块体的渗透性，主要集中于裂隙内的流体流动。自然界中的液态流体因其存在不同黏滞性而表现出不同的流动状态，分为层流和紊流。雷诺数作为表征流体流动特性的重要参数，其物理意义为惯性力和黏性力的比值，用于判断流体的流动状态。雷诺数大说明惯性力在控制流体内质点运动中起主导作用，宏观表现为紊流。若黏性力在流体质点运动中起控制作用，则表现为层流。流体由层流向紊流过渡的雷诺数称为临界雷诺数。1969年，Louis 进行粗糙单裂隙渗流研究得出临界雷诺数为 2300，即雷诺数≤2300 时，裂隙内流体流动状态为稳定层流，雷诺数的计算公式如下：

$$Re = \frac{\rho v d}{\mu} \tag{4-21}$$

式中，ρ 为流体密度，kg/m^3；v 为流体特征流速，m/s；d 为流体流过横断面的特征直径，m；μ 为动力黏度，$Pa \cdot s$。

纳维-斯托克斯方程（Navier-Stokes 方程）是描述不可压缩黏性流体动量守恒的运动方程。方程形式复杂，包含物理量多。基于光滑平行板假设和不可压缩稳定层流假设条件下，纳维-斯托克斯方程可以简化为如下表达式：

$$\frac{\partial p}{\partial x} = \mu \frac{\partial^2 v_x}{\partial z^2} \tag{4-22}$$

代入边界条件并进行求解，可以得到光滑平行板单裂隙流量 q 的表达式：

$$q = \frac{gb^3}{12\mu} J \tag{4-23}$$

式中，g 为重力加速度，$9.8 m/s^2$；b 为平行板的间距，m；μ 为流体的动力黏度系数，$Pa \cdot s$；J 为平行板内的水力梯度。由于流量 q 与水力梯度 J 以及裂隙宽度 b 的三次方成正比，因此该公式也被称为"立方定律"。

工程实践中的岩体裂隙表面粗糙不平，存在一定粗糙度，并不严格满足光滑平行板假设，因此多位学者进行了相关研究，提出了考虑粗糙度影响的立方定律修正公式。此外，也有部分学者从纳维-斯托克斯方程出发,针对流动问题进行简化,直接求解纳维-斯托克斯方程得到特定条件下的特解。如今,关于粗糙裂隙渗流的研究仍是该领域的研究重点。

4.2.1.3 裂隙岩体的传热基本理论

自然界中,热量会自发地从高温物体传向低温物体,或者是从物体的高温部分传向低温部分。传热学研究的正是由于温差引起的物质间可能发生的能量传递。它不仅仅解释热能如何传递的问题,而是要预测特定条件下热交换的速率。传热的基本方式有三种:热传导、热对流和热辐射。下面仅介绍本书中涉及的热传导和热对流两种方式。

(1) 热传导是一种在物体组成部分之间不发生宏观上的相对位移,而仅依靠原子、分子、自由电子等微观粒子不规则的热运动产生热量传递的物理过程。固体、液体、气体都能发生热传导作用,而其中的传热机理各不相同。导电固体的热传导主要是由于自由电子的运动产生;非导电固体则是通过晶格结构振动来传递热;液体的导热机理情况较为复杂,多位学者存在着不同的观点。岩体中的热量传递方式就是以热传导为主,热传导也是热量传递的主要方式。

法国科学家傅里叶于1822年对大量实验结果进行分析总结,提出了傅里叶热传导定律,或者称为傅里叶公式,具体表达式如下:

$$q = \frac{\Phi}{A} = -\lambda \frac{dT}{dx} \tag{4-24}$$

式中,q 为热传导的热流密度,即单位时间内通过单位面积的热流量,W/m^2;Φ 为热传导的热通量,即单位时间内通过某一给定面积的热量,W;λ 为导热系数,$W/(m \cdot K)$;$\frac{dT}{dx}$ 为温度梯度,K/m。由此可见,热传导过程产生的热量正比于导热系数。一般来说,固体的导热系数较大,液体次之,气体的导热系数最小。

(2) 热对流是指由流体的宏观运动使流体各部分之间发生相对位移所引起的热量传递过程。其中,对流换热是热对流的特殊情况,它指的是流体流过物体表面时的热量传递过程。实际工程与生活中常碰到此类问题,例如热金属板在转动风扇前的热交换过程就是对流换热。此外,类似于液体在热表面汽化、气体在冷表面液化所产生包含相变的对流换热过程也是工程中常遇到的一类问题。岩体裂隙中的水流在其流动过程中与岩体裂隙面接触所产生的换热作用就是对流换热,另外,流动流体本身也进行着不规则的分子热运动,即流动流体本身也进行着热传导。也就是说,热对流必然伴随着热传导现象。

描述对流换热所产生的热量的基本计算公式是牛顿冷却公式,具体表达式如下:

$$q = h\Delta t \tag{4-25}$$

式中,q 为热对流的热流密度,即单位时间内通过单位面积的热流量,W/m^2;h 为表面对流换热系数,$W/(m^2 \cdot K)$,它与换热表面的面积、形态、流体的物性以及流体流速有关;Δt 为换热表面上流体与固体的温度差。由牛顿冷却公式可以了解到,对流换热的换热量多少,正比例于对流换热系数与温度差,一般来说,液体的对流换热系数大于气体。

4.2.2 粗糙单裂隙渗流传热模型

4.2.2.1 COMSOL 软件概述

COMSOL Multiphysics(以下简称 COMSOL)是一款以有限元法为基础的多物理场仿

真模拟软件,常用于模拟科研、工程领域所涉及的产品及其过程。该软件的优点包括:①拥有适用于众多工程领域的统一建模流程,可实现结构力学、流体流动传热、电磁学等多领域物理场仿真均遵循相同建模流程。②支持基于物理场建模,内置多领域预定义物理场接口。对应不同物理场接口提供相应的研究类型选择、数值离散方法推荐以及特定物理场设置。另有"物理场开发器"有助于创建新物理场接口。③基于方程建模带来灵活透明的建模功能。内置的方程编译器可实现函数、逻辑表达式等方程的快速编译和自由定制。

本次研究使用 COMSOL 的 CFD 模块与传热模块。CFD 模块中的"层流"接口支持低于临界雷诺数的流体流动建模。临界雷诺数因模型而异,如在二维裂隙流中,临界雷诺数接近2300。该物理场接口支持低马赫数(通常小于0.3)的弱可压缩流动和可压缩流动,对于非牛顿流体也能轻松建模。该接口求解动量守恒的纳维-斯托克斯方程和质量守恒的连续性方程。可用于稳态和瞬态分析。

传热模块中的"固体传热""流体传热"接口用于模拟传导传热、对流传热和辐射传热,可分别对自然对流和强制对流引起的层流和紊流流动进行建模。除内置 LVEL、剪切应力运输(SST)、Spalart-Allmaras 等湍流模型方便建模外,系统可根据流动模型自动选取壁函数、自动壁处理等方式实现界面上的温度过渡。

此外,为了模拟中实现流体流动与传热相互作用,还需要添加"非等温流动接口"用于模拟传热与流体流动之间的耦合。该接口将"固体传热""流体传热"与"层流"接口相结合,系统中可选择添加"非等温流动"多物理场耦合,将传热与流动接口进行耦合,并提供在模型中包含流动加热的选项。

4.2.2.2 几何模型与基本假定

本书在借鉴前人研究的基础上建立了二维粗糙单裂隙渗流传热几何模型。具体如图4-15所示。岩体中间有一条裂隙,裂隙将岩体分成两部分。岩体边界具有初始温度 T_s 为 200℃,带裂隙的岩层的宽度 H_s 为 30m,长度 L_0 为 91.69m,注水的初始温度为 20℃,裂隙粗糙度、裂隙宽度、流体初始流速为变量。

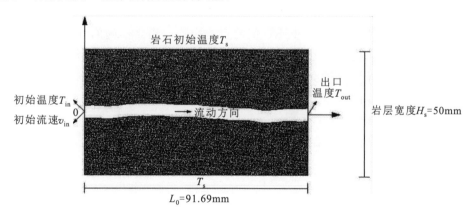

图 4-15 几何模型

为简化问题,作如下假设:
(1) 忽略岩石块体渗透性,将岩体视为各向同性材料,假定水流只在裂隙中流动。

(2) 裂隙内水流为稳定层流、无内热源、不可压缩性牛顿流体，水流的物性参数为常数且温度为稳定温度场。

(3) 换热过程均忽略热辐射影响。

(4) 水分迁移以液态形式进行，且不考虑水分的相变及重力项的影响。

(5) 忽略渗流传热过程对岩体裂隙结构的影响以及由此引起的体积变形。

4.2.2.3 二维裂隙渗流传热问题的数学描述

二维裂隙渗流传热问题的数学描述包含质量守恒方程、动量守恒方程、能量守恒方程 3 个控制方程，及其定解条件。以下给出二维裂隙渗流传热问题的控制方程式：

质量守恒方程（连续性方程）

$$\frac{\partial u}{\partial x} + \frac{\partial u}{\partial y} = 0 \tag{4-26}$$

动量守恒方程（纳维-斯托克斯方程）

$$\rho\left(\frac{\partial u}{\partial \tau} + u\frac{\partial u}{\partial x} + v\frac{\partial u}{\partial y}\right) = F_x - \frac{\partial p}{\partial x} + \eta\left(\frac{\partial^2 u}{\partial x^2} + \frac{\partial^2 u}{\partial y^2}\right) \tag{4-27}$$

$$\rho\left(\frac{\partial v}{\partial \tau} + u\frac{\partial v}{\partial x} + v\frac{\partial v}{\partial y}\right) = F_y - \frac{\partial p}{\partial y} + \eta\left(\frac{\partial^2 v}{\partial x^2} + \frac{\partial^2 v}{\partial y^2}\right) \tag{4-28}$$

能量守恒方程

$$\frac{\partial t}{\partial \tau} + u\frac{\partial t}{\partial x} + v\frac{\partial t}{\partial y} = \frac{\lambda}{\rho c_p}\left(\frac{\partial^2 t}{\partial x^2} + \frac{\partial^2 t}{\partial y^2}\right) \tag{4-29}$$

式中，F_x，F_y 分别为体积力在 x 方向与 y 方向的分量。

方程的定解条件包括模型的初始条件与边界条件。在本模型中，初始条件包括水流的初始速度 v_{in} 以及水流的初始温度 T_{in}（20℃）。边界条件包括岩体上下边界温度 T_s 均为 200℃，裂隙出口边界条件设置压力为 0Pa，固体与流体接触边界设置为热通量边界，边界的热交换量采用牛顿冷却公式描述，其他边界为无滑移边界以及热绝缘边界。

4.2.2.4 计算参数选取

通过选取不同裂隙宽度 D、不同 JRC 值的粗糙裂隙，建立不同的计算案例，并与基本案例相对比，可以得到粗糙单裂隙渗流传热稳态过程中温度场分布的影响以及相关参数对温度场的影响规律。为了保证粗糙度的可靠性，将粗糙度按 JRC 取值范围进行分组，每组选择三条对应于该组取值范围内 JRC 值的粗糙裂隙进行模拟，之后求其平均值作为最后结果。不同工况下的计算参数如表 4-6 所示。

表 4-6 不同工况下的计算参数

计算参数	参数取值				
粗糙度 JRC	1	3	5	7	9
裂隙宽度 D（mm）	0.1	0.15	0.20	0.25	0.30
流体初始流速 v_{in}（mm/s）	25	75	150	300	450

数值模型所需要的其他物理参数选取如表 4-7 所示。

表 4-7　其他物理参数（常温常压）

物理参数	参数取值	物理参数	参数取值
岩石导热系数 K_s	3.5 W/(m·K)	流体比热容 C_w	4200J/(kg·K)
岩石密度 ρ_s	2600kg/m³	流体动力黏度 μ_w	0.001Pa·s
岩石比热容 C_s	1000J/(kg·K)	流体导热系数 K_w	0.66W/(m·K)
流体密度 ρ_w	1000kg/m³		

4.2.2.5　数值模拟方案与模型验证

裂隙岩体渗流传热数值模型根据流动流体与高温岩体换热边界的不同假定分为局部热平衡模型（LTE）以及局部非热平衡模型（LTNE）。局部热平衡模型认为在换热边界上，与边界接触的那一部分流体的温度 T_w 等同于换热边界上岩石的温度 T_r。主要适用于边界流体与岩石温度相差较小的情况。通常情况下，换热边界上的流体温度与岩石温度之间存在一定的温度差异，即流体温度 T_w 不等于岩石温度 T_r。在这种情况下，需要考虑边界上流体与固体的换热情况，在数值模型换热边界上作一定的数学描述。考虑到局部热平衡模型与局部非热平衡模型的应用范围，以及局部非热平衡模型的应用局限性（在进行模拟前需要获得出口温度数据），本书的数值模拟方案采用两种模型：①建立局部热平衡模型（LTE）研究粗糙度 JRC、裂隙宽度 D 以及初始流速 v_{in} 对高温花岗岩单裂隙渗流传热的整体影响规律。②结合现有文献的试验数据以及本书中的裂隙轮廓线数据，建立局部非热平衡模型（LTNE）研究高温花岗岩粗糙单裂隙的局部换热情况，对比不同参数条件下的局部对流换热系数 h'，并进行分析讨论。

进行二维单裂隙渗流传热数值模拟之前，对局部热平衡数值模型（LTE）进行验证。局部非热平衡数值模型（LTNE）的验证在分析裂隙局部换热情况的相应章节进行。进行验证的试验数据来源于学者 Zhao 等（1993）的研究。具体数值模型验证结果如下：

数值模型验证结果如表 4-8、图 4-16 所示。表 4-8 中岩石温度 T_s、裂隙宽度 D、初始流速 v_{in}、水流初始温度 T_{in}、出口温度试验值 T_{out}^{exp} 均为 Zhao（1993）研究中的试验数据，出口温度模拟值 T_{out}^{m} 为采用本书中数值模型所计算的结果值。在 6 个案例的测试中，相对偏差最大值为 3.31%，最小值为 0.01%，均控制在 5% 内。结合前期的几何模型及基本假定，推测产生偏差的主要原因在于流体的物性参数，如密度、比热容、动力黏度等均设置为常数。

表 4-8　模型验证结果

案例编号	岩石温度 T_s（℃）	裂隙宽度 D（um）	初始流速 v_{in}（mm/s）	水流初始温度 T_{in}（℃）	出口温度试验值 T_{out}^{exp}（℃）	出口温度模拟值 T_{out}^{m}（℃）
1	100	15.85	128.2	59	95	98.14
2	100	15.85	102.57	60	96	99.03
3	120	16.72	84.17	57	117	118.92
4	120	16.72	119.71	64	117	117.5
5	120	12.45	167.6	56	117	117.01
6	120	12.45	203.72	55	117	115

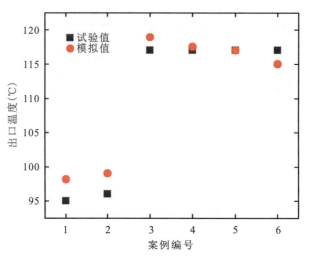

图 4-16 模型验证结果

在实际情况下,流体的物性参数与温度具有相关性,并且随着温度的逐渐增大,流体的物性参数变化愈加剧烈。此外,流体温度超过 100℃时,可能会伴随部分流体的相变,这也是偏差可能产生的原因之一。除了上述原因外,案例中裂隙宽度 D 的数值为试验中粗糙裂隙面的平均裂隙宽度,进行数值模拟验证时也是采用平直裂隙代替实际试验的粗糙裂隙。从先前研究可以了解到,粗糙裂隙面相比于同等条件下的平直裂隙面换热效果更好,理论上数值模拟验证的出口温度模拟值应当略小于试验值,因此案例 6 中的出口温度模拟值小于其试验值也是相对合理的。

除上述内容外,考虑到本书采用的流动接口为"层流"接口,需要计算所有案例的雷诺数来判别案例中水流的流动情况。

对于圆形管道,雷诺数 Re 的计算公式如下:

$$Re = \frac{2\rho v \delta}{\mu} \quad (4-30)$$

式中,ρ 为水流密度,kg/m³;v 为水流速度,mm/s;δ 为圆管半径,m;μ 为流体动力黏度,Pa·s。

针对本书中使用的粗糙单裂隙,2δ 的取值应取当量直径,当量直径一般为水力半径的四倍,而水力半径等于裂隙横截面面积除以裂隙横截面周长,因此,对于本研究中的裂隙渗流,其雷诺数 R_e 的计算公式如下:

$$Re = \frac{\rho v}{\mu} \times 4 \times \frac{DW}{2(D+W)} \quad (4-31)$$

式中,D 为裂隙宽度,m;W 为裂隙面宽度,m。

因为 $W \gg D$,所以上式可简化为下式:

$$Re = \frac{2\rho v D}{\mu} \quad (4-32)$$

对所有案例进行雷诺数 Re 的计算,结果是雷诺数 R_e 的范围在 5~270 之间,远小于 2300,故本书中所有案例的流动皆为层流。

4.2.3 粗糙度、裂隙宽度对单裂隙渗流传热稳态过程的影响

4.2.3.1 温度场分布等值线图

图4-17是不同计算案例下的温度场等值线图，案例数量较多，这里只展示粗糙度为0~9

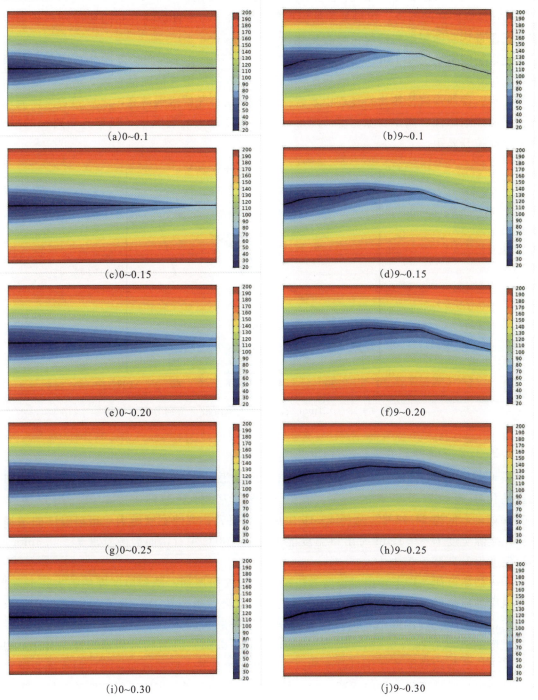

图4-17 不同粗糙度JRC-裂隙宽度D下裂隙温度场等值线图

之间的结果。对比同一粗糙度下，不同裂隙宽度的温度场分布等值线图，如图 4-17（a）、(c)、(e)、(g)、(i) 可以发现裂隙宽度越宽，裂隙附近岩石的温度越低，并且随着流动路径的增加，裂隙附近岩石的温度降低得越多。特别是在靠近裂隙出口的区域附近，裂隙宽度的改变引起岩石温度降低的现象愈发明显，在图中表现为低温区（深色区域）随裂隙宽度的逐渐增大，从原来的锥形分布慢慢扩展为梯形分布。对比图 4-17（b）、(d)、(f)、(h)、(j) 也能得到同样的结论。粗糙裂隙的温度等值线除了与平直裂隙有相同规律外，还可以观察到低温带形状随裂隙粗糙起伏形态变化。

选取裂隙宽度为 0.1mm 的不同粗糙度案例分析温度沿 x 方向长度的分布情况，结果如图 4-18 所示。图 4-17（a）可以观察到温度沿 x 方向的增长情况呈对数式增长，曲线斜率逐渐减小。说明渗流传热稳态过程中水岩换热效率在一开始达到最高，之后随着流体流动路径的增加逐渐降低。同一裂隙宽度情况下，在粗糙度较大的裂隙中，随着流动路径的增大，温度逐渐拉开差距。

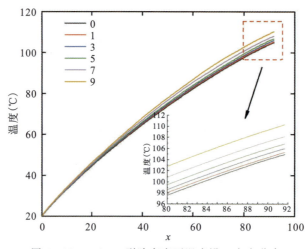

图 4-18　0.1mm 裂隙宽度下温度沿 x 方向分布

4.2.3.2　出口温度

图 4-19 是出口温度 T_{out} 随粗糙度 JRC、裂隙宽度 D 变化的关系图。本书所讨论的出口温度是位于裂隙出口中点的温度。在岩石温度为 200℃ 的情况下，最高出口温度为 110.20℃，最低为 54.21℃。从图 4-19 中可以观察到，裂隙宽度越大，出口温度的增加量越少。裂隙宽度 $D=0.1$mm 时出口温度能增加到 100℃ 左右，而裂隙宽度 $D=0.3$mm 时，出口温度仅升高至 50℃ 左右。

同一初始流速条件下，出口温度随粗糙度的增加而增加，随裂隙宽度的扩大逐渐降低。出口温度随粗糙度增加呈现出折线型的增长。拐点大致出现在 JRC 为 5 的位置。JRC 未超过 5 前，随裂隙宽度的降低，曲线的近似斜率分别为 0.07、0.08、0.12、0.16、0.26；超过 5 之后的斜率分别为 0.25、0.30、0.39、0.54、0.84。说明同一初始流速条件下，JRC 超过 5 之后，裂隙宽度的变化对温度的改变效果更加显著。另一方面，出口温度随裂隙宽度增加呈现出折线型下降，斜率逐渐减少。结合两图可以发现，相比于粗糙度的增加，裂隙宽度的扩大对温度的影响效果更显著。

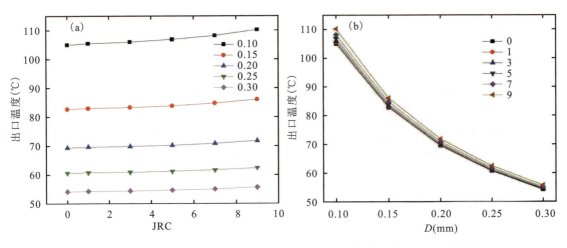

图 4-19　出口温度与节理粗糙度系数 JRC（a）、裂隙宽度 D（b）关系图

为了进一步分析粗糙度、裂隙宽度对出口温度的影响，对数据进行归一化处理，结果如图 4-20 所示。观察图 4-20（a）可以看到，出口温度归一值随粗糙度的增加呈指数型上升，并且随着粗糙度逐渐增加，裂隙宽度逐渐降低，归一值的增加幅度加大。图 4-20（b）也表现出相同的趋势，出口温度归一值随裂隙宽度的降低呈折线型下降。通过归一值随粗糙度、裂隙宽度的变化可以发现，在同一初始流速条件下，随着粗糙度的逐渐增加和裂隙宽度的逐渐降低，出口温度逐渐增大。在裂隙宽度较小的情况下，粗糙度对出口温度的影响效果更为显著。但是从总体的变化来看，由裂隙宽度改变导致的温度增减效果远大于粗糙度改变对温度的影响。

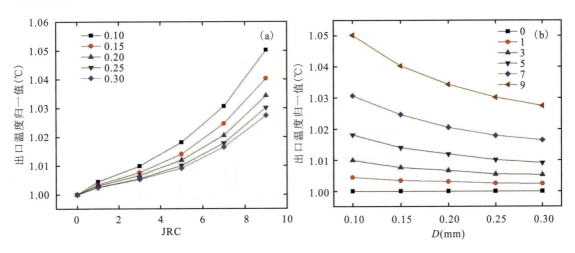

图 4-20　出口温度归一值与节理粗糙度系数 JRC（a）、裂隙宽度 D（b）关系图

4.2.3.3　渗流流速

流体在粗糙裂隙中流动时，会受到粗糙度、裂隙宽度的影响，尤其是粗糙度。流体在裂隙的流动过程中，从流动的平均速度以及最大速度并不能全面地体现粗糙度对流体流速的影

响,必须观察流体沿裂隙路径流动时其流速的不断变化情况才能获得粗糙度对流速的具体影响。同时,粗糙裂隙与平直裂隙的不同在于裂隙起伏不定,后一个位置相对于前一个位置有或上或下的变化,简而言之就是前后位置存在高差,这才是粗糙度产生影响的原因。考虑到以上因素,除绘制出流速沿 x 方向的变化外,还计算了裂隙轮廓线相邻两点坐标的斜率(为方便结果分析描述,以下简称为局部粗糙度斜率),并与流速的变化进行对比分析。

不同粗糙度 JRC、裂隙宽度 D 条件下水流流速随 x 的分布如图 4-21 所示。虚线为根据局部粗糙度斜率所绘制出来的斜率沿 x 方向的分布曲线。可以观察到,流速曲线和局部粗糙度斜率曲线具有强相关性,特别是在各曲线的波峰阶段。裂隙宽度的取值越大,波峰所对

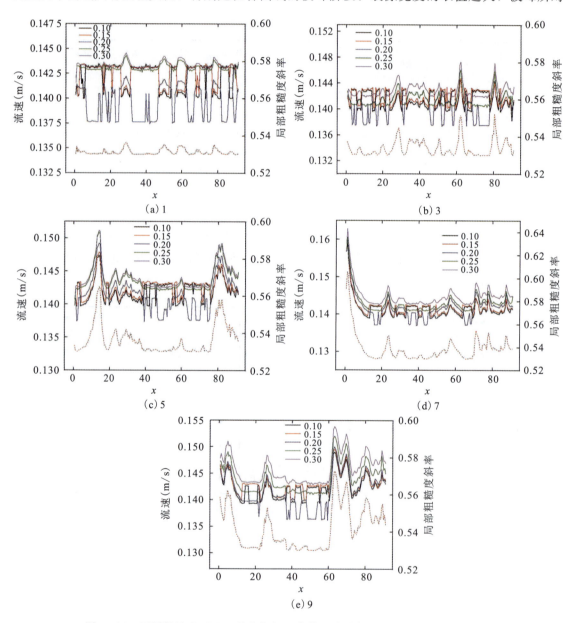

图 4-21 不同粗糙度 JRC、裂隙宽度 D 条件下流速与局部粗糙度斜率分布图

应的水流速度越高，说明扩大裂隙的宽度能够增加裂隙中的水流速度，并且从各水流流速曲线的间隔可以观察到，随着裂隙宽度的扩大，每增加同一量值的裂隙宽度，水流速度的提升幅度越大，水流速度的增加量越多。例如观察图（a）、（b）、（c）、（d）、（e）中裂隙宽度$D=0.25mm$对应的水流流速曲线与裂隙宽度$D=0.30mm$对应的水流流速曲线的间隔，大于裂隙宽度$D=0.10mm$对应曲线与$D=0.15mm$对应曲线的间隔。此外，观察斜率较平稳段与相对应流速曲线段可以发现，裂隙宽度D的取值较小（$D=0.10mm$、$0.15mm$）时，流速曲线段的波动性相对较大，而当裂隙宽度D取得较大值时（$D>0.15mm$），流速曲线段的波动性较小，趋于平坦。上述的比较说明，在较窄的裂隙中，起伏斜率较小的裂隙段能对流速产生影响，但随着裂隙宽度的扩大，其影响效果逐渐降低。或者说，粗糙裂隙中，不同程度的起伏对于不同裂隙宽度中的流速影响是不一样的。裂隙粗糙起伏对于流体流速的影响随着裂隙宽度的扩大，逐渐降低。

4.2.3.4 渗流压力

不同粗糙度JRC、裂隙宽度D条件下渗流压力沿x方向分布如图4-22所示。从图中可以观察到，相比于粗糙度的变化，裂隙宽度的改变所引起的渗流压力变化效果更加显著。

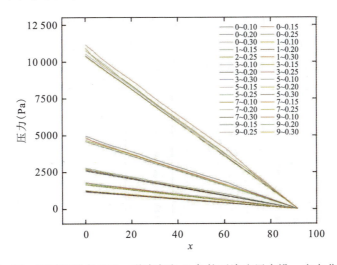

图4-22 不同粗糙度JRC、裂隙宽度D条件下渗流压力沿x方向分布图

对于不同粗糙度、裂隙宽度下的各压力分布曲线，随x增大的变化大致呈线性下降的趋势。由于初始压力值与出口压力值的差距较大，无法分析局部粗糙度对渗流压力分布的影响效果，但是从图中仍可以观察到，随着粗糙度JRC的增加、裂隙宽度D的增加，渗流压力随x的分布曲线出现一定程度的波动性，并且粗糙度、裂隙宽度越大，波动性越强。总结上述现象可以得到如下结论：粗糙度、裂隙宽度的增加都会引起渗流压力的增加。粗糙度、裂隙宽度越大，保持相同初始流速的流体流动所需要的初始压力值就越大。并且相比于粗糙度，裂隙宽度的增加所导致的初始压力值的提升更大。结合前面的分析，粗糙度、裂隙宽度增加对于流动流体与附近岩石的热交换是有增益效果的。而粗糙度、裂隙宽度所引起的初始压力值的增加则会加重地面压力水泵的负担，增加成本。实际工程应用中应根据工程经济性来选择相应的开采方案。

4.2.3.5 平均对流换热系数

针对流动流体与裂隙表面的换热问题，通常采用对流换热系数来表征其换热能力大小。为了定量描述流动流体与附近高温岩石换热效率的大小，引入平均对流换热系数，其计算公式如下：

$$h = \frac{C_w \rho_w v D (T_{out} - T_{in})}{L \left(T_s - \dfrac{T_{in} + T_{out}}{2} \right)} \tag{4-33}$$

式中，h 为平均对流换热系数，W/(m²·K)；C_w 为水的比热容，J/(kg·K)；ρ_w 为水的密度，kg/m³；v 为流体初始流速，mm/s；D 为裂隙宽度，mm；T_{in} 为水流初始温度，℃；T_{out} 为水流出口温度，℃；T_s 为岩石初始温度，℃；L 为裂隙长度，mm。

平均对流换热系数与节理粗糙度系数 JRC、裂隙宽度 D 的关系曲线如图 4-23 所示。从图 4-23（a）中可以看出，同一裂隙宽度条件下，随着粗糙度的增加，平均对流换热系数大致呈指数型增长。但相同粗糙度下，平均对流换热系数与裂隙宽度的影响规律存在一定的波动性，并不能明显看出。

从图 4-23（b）中可以看出，平均对流换热系数随裂隙宽度的增加呈现先逐渐增加后逐渐降低的趋势，并且对于不同粗糙度的裂隙，随着粗糙度的增加，达到最大平均对流换热系数所对应的裂隙宽度不断前移，JRC≤5 时，平均对流换热系数的最值在 0.2mm 左右的裂隙宽度附近；超过 5 后，平均对流换热系数最值在 0.15mm 的裂隙宽度附近。

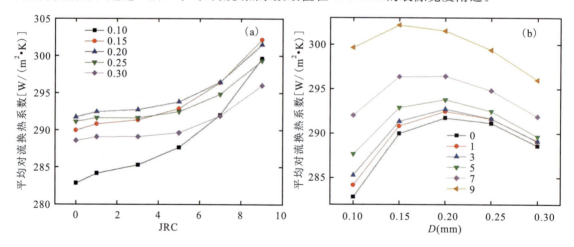

图 4-23　平均对流换热系数与节理粗糙度系数 JRC（a）、裂隙宽度 D（b）关系曲线图

将不同计算案例的平均对流换热系数进行归一化处理，得到平均对流换热系数归一值与节理粗糙度系数 JRC、裂隙宽度 D 关系曲线（图 4-24）。从图中可以看出它的变化规律与出口温度归一值的变化规律相似。平均对流换热系数归一值随粗糙度的增加逐渐增大，并且随着粗糙度逐渐增加，裂隙宽度逐渐降低，归一值的增幅越大。图 4-24（b）中，平均对流换热系数归一值随裂隙宽度的降低呈折线型下降，并且曲线斜率逐渐降低。通过归一值的变化同样可以发现，同一初始流速条件下，随着粗糙度的逐渐增加、裂隙宽度的逐渐降低，平均对流换热系数逐渐增大。裂隙宽度较小的情况下，粗糙度对平均对流换热系数的影响效果更为显著。但是从总体的变化来看，相比于粗糙度，裂隙宽度改变导致的温度变化更加明

显，远大于粗糙度改变对温度的影响。说明在同一初始流速条件下，可以通过出口温度归一值的变化来初步推测平均对流换热系数的变化趋势。

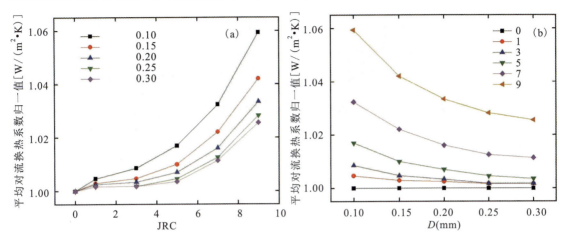

图 4-24 平均对流换热系数归一值与节理粗糙度系数 JRC（a）、裂隙宽度 D（b）关系曲线图

4.2.4 粗糙度、初始流速对单裂隙渗流传热稳态过程的影响

4.2.4.1 温度场分布等值线图

不同粗糙度 JRC、初始流速 v_{in} 条件下温度场分布等值线如图 4-25 所示。对比图（a）、(c)、(e)、(g)、(i)、(k) 可以观察到，水流初始流速的变化对于整个温度场的分布影响显著。初始流速较低时，越靠近裂隙出口，温度场等值线越稀疏，说明靠近出口区域的岩石温度相比于岩石初始温度 T_s 降低得不多。随着初始流速的逐渐增加，相对低温区（深色区域）逐渐向裂隙出口延伸，说明初始流速增加会提升流动流体与壁面岩石的换热效率，水流从壁面岩石获取并携带走的热量增多，而附近高温岩石对壁面相对低温岩石的热传导效率低于水流与壁面岩石的换热效率，使壁面岩石温度开始逐渐下降，并逐渐影响到附近岩石。因此宏观现象表现为相对低温区（深色区域）随着流速的增加，一开始逐渐向裂隙出口延伸。到达裂隙出口之后，随初始流速的增加，相对低温区开始向 y 方向延伸，从原来的锥形，逐渐扩展为梯形分布。对比图（b）、(d)、(f)、(h)、(j)、(l) 能获得相同的结论。此外，可以观察到在粗糙裂隙的换热过程中，岩石温度场的等值线走向与裂隙形态相关，并且流速越低时，等值线分布越不均匀。

4.2.4.2 出口温度

图 4-26 为出口温度随粗糙度 JRC、初始流速 v_{in} 变化的关系图。从图中可以看出，同一裂隙宽度条件下，出口温度随粗糙度的增加而增加，随初始流速的增大逐渐降低。出口温度随粗糙度增加几乎呈线性增长，且增长幅度较小。左图各曲线的斜率按照流速增大的顺序分别是 0.41、0.40、0.32、0.28、0.21、0.15。可以看出同一裂隙宽度情况下，流速的增加几乎不会影响到粗糙度对温度的作用。

另一方面，出口温度随初始流速降低呈现出折线型下降，并且斜率逐渐减少。在低流速（150mm/s）情况下，仅从流速 25mm/s 提升到 150mm/s，出口温度从 182℃ 左右降低至

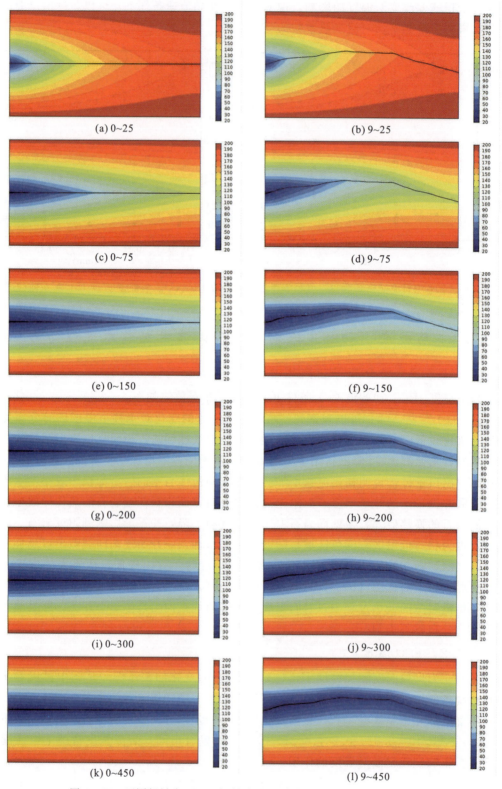

图 4-25　不同粗糙度 JRC、初始流速 v_{in} 条件下温度场分布等值线图

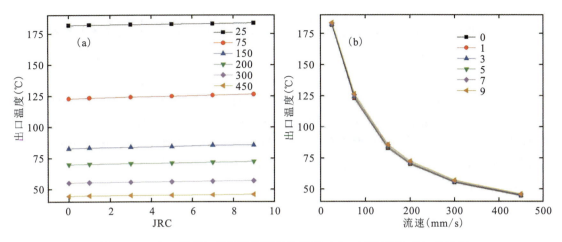

图 4-26　出口温度与节理粗糙度系数 JRC（a）、初始流速（b）关系图

83℃左右，说明流速的增加对温度的影响效果较大；当流速较大（≥150mm/s）时，从 150mm/s 提升到 450mm/s，出口温度从 83℃左右降低至 45℃左右，说明流速的增加对温度的影响效果逐渐降低。结合图 4-26（a）、(b) 可以发现，相比于粗糙度的增加，初始流速的增加对温度的影响效果更显著，这一点从图中各曲线之间的间隔也能明显看出。

为了进一步分析粗糙度、初始流速对出口温度的影响，对数据进行归一化处理，结果如图 4-27 所示。由图 4-27（a）可以观察到，除初始流速 25mm/s 对应的曲线随粗糙度的增长较慢以外，其他初始流速条件下的出口温度归一值随粗糙度增加的增长趋势大同小异，大致呈线性增长。

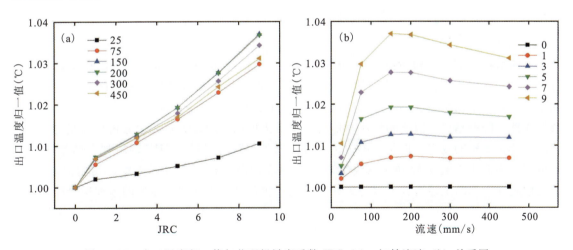

图 4-27　出口温度归一值与节理粗糙度系数 JRC（a）、初始流速（b）关系图

出口温度归一值与初始流速的关系曲线如图 4-27 所示。随着初始流速的增加，归一值先迅速增大，而后缓慢减小并逐渐趋于一个稳定值。对于不同粗糙度的曲线，归一值的峰值点稍有不同，整体表现为随着粗糙度的增加，各曲线出口温度归一值的峰值点逐渐前移，如 JRC 值位于 0~2 之间曲线的峰值点为初始流速 200mm/s 所对应的点，而 JRC 值超过 6 之

后，曲线峰值点对应的初始流速为 150mm/s，说明同一裂隙宽度下，对应不同粗糙度的裂隙，存在一个相应的初始流速，使得达到该流速的流体在此裂隙中获得最显著的换热效果。

4.2.4.3 渗流流速

由温度场分布等值线的描述以及结果分析，可以了解到流速沿 x 方向的分布与局部粗糙度斜率存在较强的相关性。因此，本节在讨论不同粗糙度 JRC、初始流速 v_{in} 条件下流速沿 x 方向分布的变化规律时，依然采用相似的分析方法。由于结果数据量较大，此处仅绘制不同粗糙度下，初始流速 v_{in} 取最低值（$v_{in}=25$mm/s）与最高值（$v_{in}=450$mm/s）时的流速、局部粗糙度斜率沿 x 方向的分布曲线，并对其进行分析讨论。

流速与局部粗糙度斜率沿 x 方向的分布曲线如图 4-28 所示。整体上看，流速沿 x 方向的分布仍与局部粗糙度斜率的分布具有很强的相关性，两曲线的走势较为相似。基本上局部粗糙度斜率达到峰值时，对应的位置的流速也达到峰值。从局部上分析，观察同一粗糙度条件下，初始流速 v_{in} 的改变所引起的流速分布的变化。以图 4-28（a）、(b) 为例，可以观察到：①随着初始流速 v_{in} 从 25mm/s 提升至 450mm/s，尽管流速的走势仍相似于初始流速 v_{in} 为 25mm/s 时的走势，流速的变化幅度则发生了较大改变，局部粗糙度斜率变化较大的位置，流速的增幅加大。②初始流速 $v_{in}=25$mm/s 时，局部粗糙度斜率变化较小的位置[图4-28(a)中斜率较平坦位置]对应的流速变化也接近平坦。初始流速 v_{in} 提升至 450mm/s 之后，原本平坦位置对应的水流流速也开始出现一定波动性。上述两个现象说明，初始流速 v_{in} 的提升会加大粗糙度对水流速度的影响效应。初始流速 v_{in} 较低时，主要是裂隙中粗糙度大的部分（局部粗糙度斜率变化较大的位置）对流速的变化有影响，初始流速 v_{in} 提升后，原本粗糙度较小的部分（局部粗糙度斜率变化较小的位置）也开始对流速有相应的影响，而原本粗糙度较大的部分对水流速度的影响更加显著。观察图 4-28 中 JRC 在(a)~(j)的情况下流速分布与局部粗糙度斜率分布也能得到相同结论。

4.2.4.4 渗流压力

不同粗糙度 JRC、初始流速 v_{in} 条件下渗流压力沿 x 方向分布如图 4-29 所示。从图中可以观察到，相比于粗糙度 JRC 的变化，初始流速 v_{in} 的改变所引起的渗流压力变化效果更加显著。对于不同粗糙度 JRC、初始流速 v_{in} 条件下的各压力分布曲线，随 x 增大的变化大致呈线性下降的趋势。由于初始压力值与出口压力值的差距较大，无法分析局部粗糙度对渗流压力分布的影响效果，但是从图中仍可以观察到，随着粗糙度 JRC 的增加、初始流速 v_{in} 的增加，渗流压力随 x 的分布曲线出现一定程度的波动性，并且粗糙度、初始流速越大，波动性越强。总结上述现象可以得到如下结论：粗糙度、水流初始流速的增加都会引起渗流压力的增加。同一裂隙宽度 D 条件下，粗糙度、初始流速越大，流体流动所需初始压力值越大。并且相比于粗糙度，初始流速 v_{in} 的增加所引起的初始压力值提升更大。结合前面的分析，粗糙度、初始流速增加对于流动流体与附近岩石的热交换是有增益效果的。而增加粗糙度、初始流速 v_{in} 所引起的初始压力值的增加则会加重地面压力水泵的负担，增加成本。实际工程应用中应根据工程经济性来选择相应的开采方案。

4.2.4.5 平均对流换热系数

同一裂隙宽度条件下，不同工况的对流换热系数随粗糙度、裂隙宽度的变化如图 4-30 所示。可以看出，同一裂隙宽度条件下，无论是粗糙度的增加或者是初始流速的增加，平均

§4 地热储层粗糙单裂隙渗流传热影响机理研究

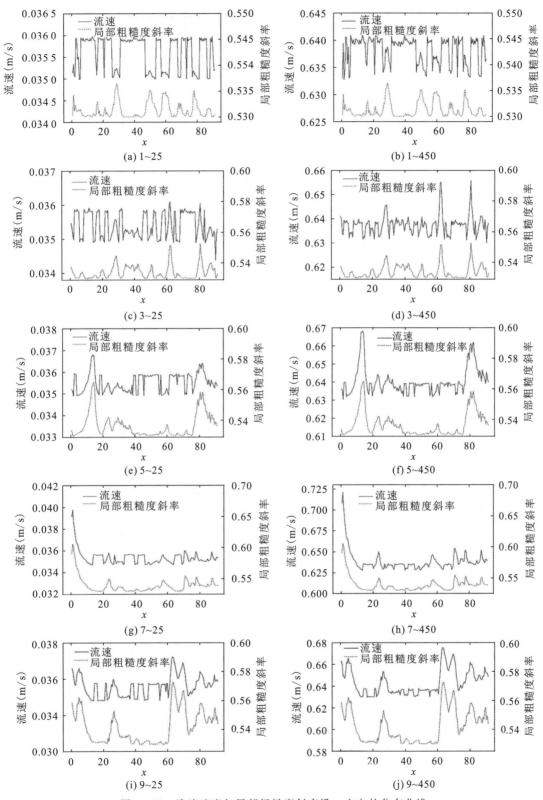

图 4-28 渗流速度与局部粗糙度斜率沿 x 方向的分布曲线

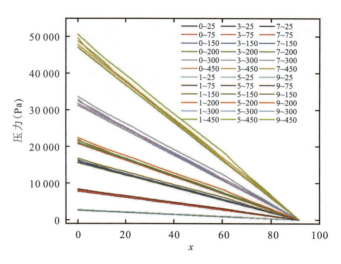

图 4-29 渗流压力随 x 方向变化曲线图

对流换热系数都会随之增加。主要的区别在于：平均对流换热系数随粗糙度的变化近似一条直线；而平均对流换热系数随初始流速的变化则是在前期流速低的情况下迅速增长，而后随着流速的增大，平均对流换热系数的增幅逐渐降低，并逐渐趋于稳定。结合图 4-30 可以发现，同一裂隙宽度条件下，粗糙度对平均对流换热系数的影响较小。相比之下，初始流速在刚开始时少量的提升就能带来平均对流换热系数的巨大变化，而后迅速降低并逐渐趋于一个稳定值。

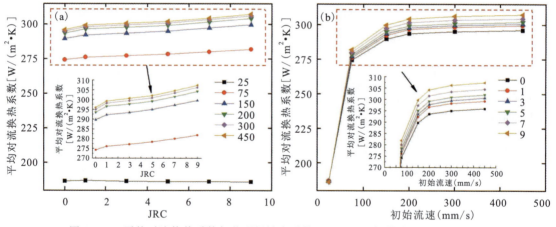

图 4-30 平均对流换热系数与节理粗糙度系数 JRC（a）、初始流速（b）关系图

将不同工况下的平均对流换热系数进行归一化处理，结果如图 4-31 所示。从图 4-31（a）可以观察到，初始流速在 75～450mm/s 之间的曲线随粗糙度的增加呈现上升趋势，并且在粗糙度较大（JRC 在 6～10 之间）的情况下，平均对流换热系数归一值的增长幅度加大。而初始流速为 25mm/s 的曲线随粗糙度的增加呈现逐渐下降的趋势，并且逐渐趋于平稳。上述曲线增长的差异，说明了不同初始流速情况下，粗糙度对水岩渗流传热稳态过程的影响是不尽相同的。在初始流速较大（75～450mm/s 之间）的情况下，粗糙度的增大会促

进流体与岩体之间的对流换热,并且粗糙度越大,对流换热效果越好;而初始流速较小(25mm/s)时,粗糙度的增加反而会降低流体与岩体之间的对流换热。

观察图4-31(b),不同粗糙度的曲线随初始流速的增加都呈现了先急剧增大而后增幅逐渐降低,最后趋于平稳的趋势。说明初始流速的增加对不同粗糙度裂隙间的水岩换热的影响规律大体是一致的,都是随初始流速的增加而增加。但对于不同粗糙度的裂隙,随着初始流速的增加,平均对流换热系数的增幅会逐渐降低,并最终趋向于一个稳定的幅度,即当初始流速提升到一定程度后,初始流速的继续提升对流体与岩体之间的对流换热的影响效果已经不再明显。

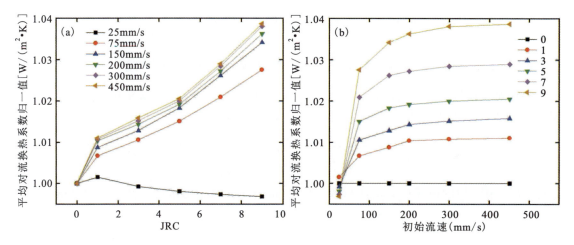

图4-31 平均对流换热系数归一值与节理粗糙度系数JRC(a)、初始流速v_{in}(b)关系图

4.2.5 高温花岗岩粗糙单裂隙渗流传热局部热平衡数值模拟研究总结

本节主要是进行高温花岗岩粗糙单裂隙渗流传热局部热平衡数值模拟研究。结合前期研究获得的二维裂隙轮廓线,建立单裂隙渗流传热局部热平衡数值模型,通过数值模拟,分析讨论裂隙粗糙度、裂隙宽度、流体初始流速对高温花岗岩单裂隙-渗流传热稳态过程的影响规律。以下总结本节内容:

(1)随着裂隙宽度、水流初始流速以及流动路径的增加,裂隙附近岩石的温度逐渐下降。低温区从原来的锥形分布慢慢扩展为梯形分布。同一初始流速下,随着粗糙度逐渐增加,裂隙宽度逐渐降低,出口温度及归一值逐渐加大。并且JRC超过5后,裂隙宽度的变化对温度的提升有更加显著的效果。从总体的变化来看,由裂隙宽度改变导致的温度增减效果远大于粗糙度改变对温度的影响。

(2)温度沿x方向的增长情况呈对数式增长,曲线斜率逐渐减小。随着流动路径的增大,温度逐渐拉开差距。流速曲线和局部粗糙度斜率曲线的走势一致,裂隙粗糙起伏对于流体流速的影响随着裂隙宽度的扩大,逐渐降低。相比于粗糙度的变化,裂隙宽度的改变所引起的渗流压力变化效果更加显著。平均对流换热系数随裂隙宽度的增加呈现先逐渐增加后逐渐降低的趋势,并且对于不同粗糙度的裂隙,随着粗糙度的增加,达到最大平均对流换热系数所对应的裂隙宽度不断前移。

(3)同一裂隙宽度条件下,出口温度随粗糙度的增加而增加,随初始流速的增大逐渐降

低；初始流速的增加对温度的影响效果更显著；随着初始流速的增加，出口温度归一值先迅速增大后缓慢减小并趋于稳定；随着粗糙度的增加，各曲线出口温度归一值的峰值点逐渐前移。

（4）流速沿 x 方向分布仍与局部粗糙度斜率分布具有强相关性；初始流速的提升会加大粗糙度对水流速度的影响效应。相比于粗糙度，初始流速的增加所引起的初始压力值的提升更大；平均对流换热系数随粗糙度的变化近似一条直线；而平均对流换热系数随初始流速的变化则是在前期流速低的情况下迅速增长，而后随着流速的增大，平均对流换热系数的增幅逐渐降低，并逐渐趋于稳定。

4.3 局部非热平衡模型模拟研究及参数灵敏度分析

4.3.1 单裂隙渗流传热局部非热平衡模型模拟研究

平均对流换热系数 h 反映的是整条裂隙的热交换情况。为了具体分析局部的裂隙换热情况，He（2019）引入局部对流换热系数 h'。计算公式如下：

$$h'_i = \frac{C_w(v_{i+1} + v_i)\rho_w(T_{i+1} - T_i)D}{4L(x_{i+1} - x_i)\left(\frac{T^s_{i+1} + T^s_i}{2} - \frac{T_{i+1} + T_i}{2}\right)} \tag{4-34}$$

式中，h'_i 为第 i 段的局部对流换热系数，W/（m²·K）；C_w 为水的比热容，J/（kg·K）；v_i 为第 i 段入口位置流体流速，mm/s；v_{i+1} 为第 i 段出口位置流体流速，mm/s；ρ_w 为水的密度，kg/m³；T_i 为第 i 段水流入口温度，℃；T_{i+1} 为第 i 段水流出口温度，℃；L 为裂隙长度，mm；x_i 为第 i 段入口位置 x 坐标值，m；x_{i+1} 为第 i 段出口位置 x 坐标值，m；T^s_i 为第 i 段入口位置岩石表面温度，℃；T^s_{i+1} 为第 i 段出口位置岩石表面温度，℃。

为分析高温花岗岩单裂隙渗流传热稳态过程中的局部换热情况，需要采用局部非热平衡模型，关于局部非热平衡模型已在前面章节进行介绍，此处不再赘述。因此本节在流体与岩石换热边界使用牛顿冷却公式进行描述。为此，需要在换热边界上设置平均对流换热系数 h。常见的平均对流换热系数 h 计算公式如表 4-9 所示。

表 4-9 平均对流换热系数计算公式

序号	平均对流换热系数公式
1	$h = \dfrac{C_w\rho_w uD(T_{out} - T_{in})}{2L\left(T_s - \dfrac{T_{in} + T_{out}}{2}\right) - \dfrac{C_w\rho_w uD(T_{out} - T_{in})L_e}{K_s}}$
2	$h = -\dfrac{\ln\dfrac{T_{out} - T_s}{T_{in} - T_s} C_w\rho_w uD(T_{out} - T_{in})K_s/2}{\dfrac{\ln\dfrac{T_{out} - T_s}{T_{in} - T_s} C_w\rho_w uDd}{4} + K_sL}$
3	$h = \dfrac{C_w\rho_w uD(T_{out} - T_{in})}{2L\left(T_s - \dfrac{\pi C_w\rho_w uDd(T_{out} - T_{in})}{42.32K_sL} - \dfrac{T_{in} + T_{out}}{2}\right)}$
4	$h = \dfrac{C_w\rho_w uD(T_{out} - T_{in})}{L\left(T_s - \dfrac{T_{in} + T_{out}}{2}\right)}$

表中 4 个平均对流换热系数 h 计算公式各有优劣,从公式所包含的计算参数来看,除了常用的几何模型参数与材料物性参数,还需要水流的初始温度 T_{in} 以及出口温度 T_{out}。因此本书借助现有文献的试验数据,结合前期试验获得的裂隙轮廓线数据,建立局部非热平衡模型数值模型,根据数值模拟结果计算特定参数条件下的局部对流换热系数 h' 沿 x 方向的分布,并以此来分析渗流传热稳态过程中裂隙的局部换热情况。

4.3.1.1 模型验证

为保证模拟一致性,局部非热平衡模型验证时,采用第 4 个公式作为本书平均对流换热系数 h 的计算公式。具体的模型验证如表 4-10 所示。

表 4-10 局部非热平衡模型验证

案例编号	岩石温度 T_s (℃)	裂隙宽度 D (um)	初始流速 v_{in} (mm/s)	水流初始温度 T_{in} (℃)	出口温度试验值 T_{out}^{exp} (℃)	出口温度模拟值 T_{out}^{m} (℃)
1	90	26.56	12.10	42	88	88.13
2	90	30.52	10.96	42	88	88.10
3	100	15.85	42.25	65	96	96.24
4	100	15.85	128.20	59	95	94.96
5	140	16.54	45.75	67	124	124.94
6	140	15.50	135.77	71	128	128.34

在 6 个案例的测试中,相对偏差最大值为 0.76%,最小值为 0.11%,均控制在 1% 内,平均误差为 0.33%。相比于局部热平衡模型,局部非热平衡模型的验证结果相对偏差整体较小,说明局部热平衡模型更贴近实际情况下的裂隙对流换热情况。此外,造成误差的可能原因在 3.2.5 节已经进行过分析,此处不再赘述。

4.3.1.2 出口温度

局部非热平衡模型数值模拟仍采用模型验证的试验数据,仅将几何模型的平直裂隙替换为前期进行三维激光扫描试验获得的粗糙轮廓线(JRC=9)。具体的数值模拟结果如表 4-11 所示。

表 4-11 局部非热平衡数值模拟结果

案例编号	岩石温度 T_s (℃)	裂隙宽度 D (um)	初始流速 v_{in} (mm/s)	水流初始温度 T_{in} (℃)	出口温度模拟值 T_{out}^{m} (℃)
1	90	26.56	12.10	42	88.29
2	90	30.52	10.96	42	88.28
3	100	15.85	42.25	65	96.52
4	100	15.85	128.20	59	95.27
5	140	16.54	45.75	67	125.86
6	140	15.50	135.77	71	129.01

局部非热平衡模型模拟结果如图 4-32 所示。对比 6 个案例的初始条件与计算参数，可以对其分类后进行分析。首先分析案例 1、2。案例 1、2 的岩石温度 T_s 和水流初始温度 T_{in} 相同，初始流速 v_{in} 相似，主要的区别在于裂隙宽度。可以发现裂隙宽度较大的案例 2 的出口温度稍低于案例 1，同时粗糙裂隙的模拟结果也大于同条件下的平直裂隙，说明粗糙度的增加会提升水流出口温度值，而裂隙宽度的增加会降低水流出口温度值，与前期分析得到的结论一致。案例 5、6 分别与案例 3、4 相对应，主要的区别在于岩石温度 T_s 不同以及岩石温度 T_s 与初始水流温度 T_{in} 的差值不同，从图中的结果来看，说明在众多因素中，岩石温度 T_s 的改变以及岩石温度 T_s 与水流初始温度 T_{in} 的差异才是提升出口温度的主导因素。

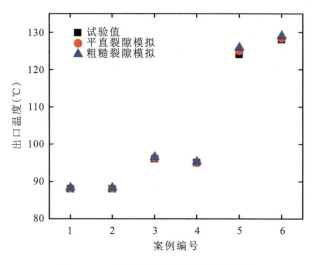

图 4-32　局部非热平衡模型模拟结果

4.3.1.3　局部对流换热系数

依据前述关于渗流流速的分析，推测局部对流换热系数 h' 与水流流速、局部粗糙度斜率相关性较高。另外考虑到数据相对较多，因此仅绘制局部对流换热系数 h' 与流体流速的关系曲线。

局部对流换热系数 h' 与流速 v 分布曲线如图 4-33 所示。整体上看，不同参数条件下的流速 v 有高有低，但总体上随 x 的增加，流速 v 的走势大致相同，即流速分布取得极值的位置，在局部对流换热系数 h' 的分布中也取得极值，并且除案例 4、6 外，局部对流换热系数 h' 的变化与流速的变化规律基本一致。同样根据初始条件进行分类分析。案例 1、2 的局部对流换热系数 h' 相对起伏程度相差不大，主要在于绝对值的区别，案例 1 的局部对流换热系数 h' 绝对值范围在 140~180 之间，案例 2 的局部对流换热系数 h' 绝对值范围在 130~170 之间，结合流速曲线的结果，可以发现绝对值范围的不同主要是由于流速不同所导致的区别，裂隙宽度的改变对局部对流换热系数 h' 的变化影响不大，说明微米级裂隙宽度的改变对局部对流换热系数 h' 的影响甚小。曲线案例 3、5 的主要区别在于岩石温度的差异。结果的区别在于案例 5 的局部对流换热系数更具有波动性，说明岩石温度的提升强化了粗糙度对局部对流换热系数 h' 的影响。对比案例 4、6 的曲线也能获得同一结论。此外，案例 4、6 局部对流换热系数曲线与其他案例不尽相同，与本案例中的流速曲线也产生区别，结合案例

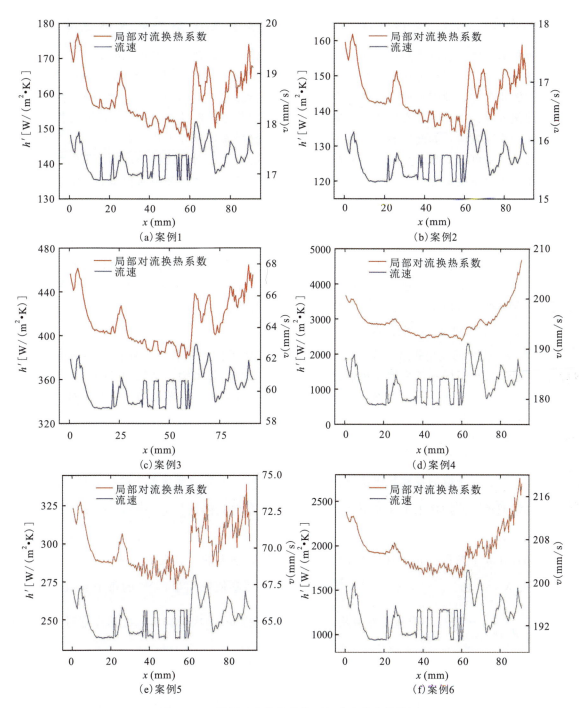

图 4-33 局部对流换热系数 h' 与流速分布曲线图

4、6 的初始条件（初始流速较大），可以发现初始流速的增大会影响局部对流换热系数与流速的相关性，初始流速较低时，局部对流换热系数与流速的相关性较强，随着初始流速的逐渐增大后，相关性逐渐减弱。

4.3.2 基于 Morris 法的粗糙单裂隙渗流传热参数灵敏度分析

单裂隙岩体的渗流传热过程包含岩体与裂隙流体的对流换热，岩体之间的热传导，水流之间的热传导与热对流等作用，是一个相对复杂的热交换过程。其中涉及的影响因素很多，包括裂隙粗糙度、裂隙宽度、流体流速、岩体热传导系数、岩体比热容、流体热传导系数、流体比热容等。因此，有必要研究上述参数对岩体单裂隙渗流传热过程的影响程度以及各参数之间的交互效应，如此才能在实际工程中把握主导因素，指导工程实践。

参数灵敏度分析是研究输入参数在一定范围内的变动，对系统输出影响结果的大小。影响大小采用灵敏度指标进行评价，灵敏度指标数值越高，表明该参数对模型的影响越大。灵敏度分析方法主要分为局部灵敏度分析方法和全局灵敏度分析方法。单次情况下，通过改变单个参数值研究该参数对系统输出结果的影响称为局部灵敏度分析方法。全局灵敏度分析方法则是研究多个参数变量同时发生变化时，各参数对系统输出结果的影响以及各参数之间相互作用的影响。根据前期的分析结果，裂隙粗糙度与裂隙宽度、流体初始流速之间存在一定的相互作用，因此本研究选择采用目前较为常用的 Morris 全局灵敏度分析方法对裂隙粗糙度、裂隙宽度、流体初始流速 3 个参数进行灵敏度分析。

4.3.2.1 Morris 法基本原理

Morris 法在保证相邻两行样本之间只有一个参数不同的前提下，随机抽样获取不同样本，通过比较分析样本的模型结果输出值来确定该参数对模型输出结果的影响。它的优点在于运算量小、效率高、适用性强，能够处理多个输入参数在较大范围内同时变化对模型输出结果的影响。

Morris 法的基本原理是：

(1) 设模型输出函数 $y=f(x_1, x_2, \cdots, x_n)$，包含 n 个参数。

(2) 结合所选取的各参数服从的概率分布，将每个参数的变化范围映射到区间 $[0, 1]$ 中，并按照预设的抽样水平 p 将其离散化，使每个参数只能从 $\left\{0, \dfrac{1}{p-1}, \dfrac{2}{p-1}, \cdots, 1\right\}$ 中取值。

(3) 让 n 个参数在 p 个抽样点上随机抽样 1 次，获得的向量表示为 $X=(x_1, x_2, \cdots, x_n)$。设 $X^*=(x_1^*, x_2^*, \cdots, x_n^*)$ 为输入参数的"基值"向量，X^* 的每个参数都从 $\left\{0, \dfrac{1}{p-1}, \dfrac{2}{p-1}, \cdots, 1\right\}$ 中取值，然后从该向量出发进行 $n+1$ 次抽样，每次抽样都对 X^* 中的每个参数施加 $\Delta\left(\Delta=\dfrac{1}{p-1}\right)$ 的变化量，使得抽样得到的向量 $X^i=(x_1^i, x_2^i, \cdots, x_n^i)$ ($i=1, 2, \cdots, n+1$) 中每相邻 2 个向量都只有一个参数发生 Δ 的变化量，并确保这 n 个参数都轮流变化一次，抽样得到的这 $n+1$ 个相邻向量被称为 1 条轨道。按照预设的轨道数 m，重复上述步骤 m 次，然后利用下式计算参数的基本影响 EE (Elementary Effect)：

$$\mathrm{EE}_j = \frac{y(x_1, \cdots, x_{j2}, \cdots, x_n) - y(x_1, \cdots, x_{j1}, \cdots, x_n)}{\Delta} \quad (4-35)$$

(4) 轮流计算每条轨道中各参数的基本影响，之后累计各参数所有轨道的基本影响计算它们的均值 μ 与方差 σ，最后进行参数灵敏度分析。均值 μ 越大，说明对应的参数对模型输出结果的影响越大；方差 σ 越大，说明对应参数在影响模型输出结果的同时，与其他参数存在的相互作用越大，或者说该参数对模型输出结果的影响是非线性的。

4.3.2.2 试验流程

本研究根据 Morris 法的基本原理，进行了单裂隙渗流传热参数全局敏感度分析的试验设计，采用 Morris 法对单裂隙渗流传热参数灵敏度分析的过程主要包括参数的选取、参数取值范围的确定以及评价指标的选取，按照 Morris 试验原理进行随机抽样，将抽样好的参数配置代入单裂隙渗流传热局部热平衡模型进行数值模拟，记录评价指标所对应的计算结果后，计算各参数的灵敏度基本影响，通过分析各参数对评价指标对应计算结果的影响程度以及各参数之间的相互影响，对各参数进行灵敏度分析。具体的试验流程如图 4-34 所示。

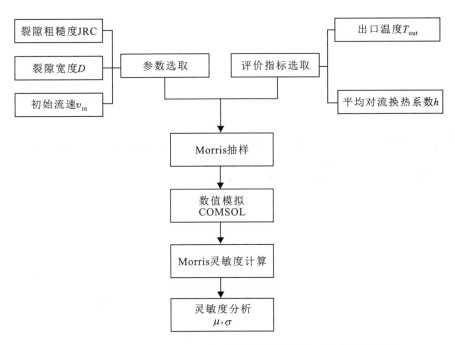

图 4-34 基于 Morris 法的单裂隙渗流传热参数灵敏度分析流程

各参数的取值范围及服从的参数分布如表 4-12 所示。

表 4-12 参数的取值范围及服从的参数分布

参数	符号	量纲	参数服从的概率分布
裂隙粗糙度	JRC	无	$R \sim U(1, 9)$
裂隙宽度	D	mm	$D \sim U(0.10, 0.30)$
流体初始流速	v_{in}	mm/s	$v_{in} \sim U(25, 450)$

根据 Morris 法的基本原理，采用 10 轨道（$m=10$），5 水平（$p=5$）进行随机抽样，得到 40 组抽样样本，以下只展示轨道 1 的抽样数据及模拟后的计算结果，如表 4-13 所示。

表4-13 轨道1的抽样数据及模拟后计算结果表

样本	轨道1参数选取结果			轨道1评价指标结果	
	裂隙粗糙度 JRC	裂隙宽度 D (mm)	初始流速 v_{in} (mm/s)	出口温度 T_{out} (℃)	平均对流换热系数 h [W/(m^2·K)]
1	1	0.1	343.75	51.45	300.70
2	1	0.1	450	44.79	304.12
3	1	0.15	450	36.82	302.33
4	3	0.15	450	36.87	301.79

4.3.2.3 结果分析

出口温度 T_{out}、平均对流换热系数 h 的 Morris 试验结果如表4-3~表4-14所示。基于 Morris 试验的出口温度 T_{out}、平均对流换热系数 h 的均值 μ 与方差 σ 分布如图4-35所示。本书选择的评价指标是出口温度 T_{out} 以及平均对流换热系数 h，以下将结合表4-13、表4-14和图4-35对结果进行分析。

表4-14 出口温度 Morris 试验结果表

轨道	基本影响 EE		
	裂隙粗糙度 JRC	裂隙宽度 D	初始流速 v_{in}
1	0.20	−31.88	−26.64
2	0.52	−54.64	−49.08
3	1.40	−16.76	−14.88
4	2.60	−18.92	−67.48
5	1.40	−33.68	−27.44
6	1.48	−67.28	−378.52
7	0.68	−10.04	−46.32
8	0.28	−64.76	−378.72
9	0.52	−16.60	−20.48
10	3.72	−46.48	−67.48
均值 μ	1.28	−36.10	−107.70
方差 σ	1.14	399.73	18 646.97

首先观察表4-14中的出口温度 T_{out}，裂隙粗糙度 JRC 对出口温度 T_{out} 的基本影响 EE 均为正值，说明裂隙粗糙度 JRC 的增加会使出口温度上升；裂隙宽度 D、初始流速 v_{in} 对出口温度 T_{out} 的基本影响 EE 均为负值，说明裂隙宽度 D、初始流速 v_{in} 的增大会使出口温度降低。从均值 μ 上看初始流速 v_{in} 的绝对值最大，裂隙宽度 D 次之，裂隙粗糙度 JRC 最小。说明在试验限定的各参数范围内，初始流速 v_{in} 的改变对于出口温度的影响最为显著，而影响效果最小的是裂隙粗糙度 JRC，即粗糙度的变化对于出口温度的影响并不明显。从方差 σ 上看，对于出口温度的变化，灵敏度最大的仍是初始流速 v_{in}，然后是裂隙宽度 D 以及裂隙粗糙度 JRC。根据前期的研究成果可以知道，粗糙度、裂隙宽度的变化会改变流速，影响到流

§4 地热储层粗糙单裂隙渗流传热影响机理研究

体与壁面岩石的换热,最终造成出口温度的变化,而且随着粗糙度、裂隙宽度的变化加大,流速的改变越剧烈。此处的方差 σ 结果与前期的研究一致。

观察表 4-15 中的平均对流换热系数 h,裂隙粗糙度 JRC、裂隙宽度 D、初始流速 v_{in} 对平均对流换热系数 h 的基本影响 EE 均有正、负值,说明针对不同情况,裂隙粗糙度 JRC、裂隙宽度 D、初始流速 v_{in} 的增大可能提升平均对流换热系数 h,也有可能使之降低。根据前期的研究成果可以知道,粗糙度、裂隙宽度并不是在各自取得最大值时,所得到的平均对流换热系数 h 最大,而是对于不同粗糙度的裂隙,都有对应的一个裂隙宽度,在此裂隙宽度下,所获得的平均对流换热系数 h 最大。此处讨论的是 3 个参数,但结论上仍与前期的研究成果一致。从均值 μ 上看依然是初始流速 v_{in} 的绝对值最大,裂隙宽度 D 次之,裂隙粗糙度 JRC 最小。说明在试验限定的各参数范围内,初始流速 v_{in} 的改变对于平均对流换热系数 h 的影响最为显著,而影响效果最小的是裂隙粗糙度 JRC,即粗糙度的变化对于平均对流换热系数 h 的影响并不明显。从方差 σ 上看,对于平均对流换热系数 h 的变化,灵敏度最大的仍是初始流速 v_{in},然后是裂隙宽度 D 以及裂隙粗糙度 JRC。

表 4-15 平均对流换热系数 Morris 试验结果表

轨道	基本影响 EE		
	裂隙粗糙度 JRC	裂隙宽度 D	初始流速 v_{in}
1	-2.16	-7.16	13.68
2	-1.77	-0.12	13.34
3	20.26	-4.90	8.14
4	15.92	-15.63	5.71
5	20.26	-22.44	13.81
6	-0.54	178.68	258.94
7	2.20	28.82	1.39
8	-3.70	95.77	274.01
9	1.75	0.99	-6.56
10	19.28	-1.23	5.71
均值 μ	7.15	25.28	58.82
方差 σ	96.48	3 636.39	10 826.71

最后观察图 4-35,无论是对于出口温度 T_{out} 还是平均对流换热系数 h,从绝对值上看,初始流速 v_{in} 的均值 μ 与方差 σ 都是最大的,然后是裂隙宽度 D,裂隙粗糙度 JRC 的均值 μ 与方差 σ 最小。说明初始流速 v_{in} 是高温花岗岩单裂隙渗流传热过程中的灵敏参数。一般情况下应当增大初始流速 v_{in} 以增加平均对流换热系数,提升流动流体与壁面岩石的换热效率。然而,初始流速 v_{in} 的增加会引起出口温度的降低,未能达到开采标准出口温度的流体,在实际工程中会因无法利用或者需要对其进一步升温,导致增加成本。另外,结合前期研究成果可以知道,初始流速 v_{in} 的增加会带来入口压力的巨大提升,这也会增加实际工程的成本。裂隙宽度 D 的灵敏度相比初始流速 v_{in} 较小,但影响规律与初始流速 v_{in} 相同,即裂隙宽度 D 的改变能提升平均对流换热系数 h,增加整体的换热效率,但是裂隙宽度 D 的增加会使出口

温度降低,以及在裂隙宽度 D 扩大的前提下,保持原有的流速需要进一步提升入口压力,增加成本。裂隙粗糙度 JRC 的均值 μ 绝对值虽然最小,但是都为正值,即绝大多数情况下,增大裂隙的粗糙度对于出口温度、平均对流换热系数都有增益效果。此外裂隙粗糙度 JRC 的方差 σ 最小,说明粗糙度受其他因素的影响较小。因此,增大裂隙粗糙度是比较稳健的流动流体与高温岩体换热效率的做法。工程实践中可以考虑以增加裂隙粗糙度为主,然后根据裂隙粗糙度与岩体的温度配置合理裂隙宽度以及初始流速,最终获得较高的出口温度和经济效益。

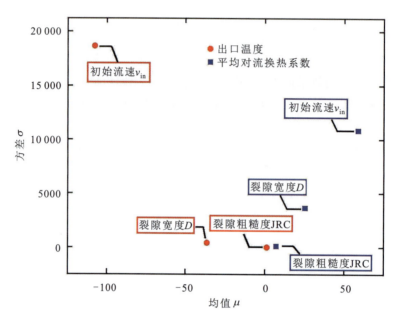

图 4-35 出口温度 T_{out}、平均对流换热系数 h 的均值 μ 与方差 σ 分布

4.3.3 局部非热平衡模型模拟研究及参数灵敏度分析总结

本节首先借助现有文献的试验数据,建立高温花岗岩单裂隙渗流传热局部非热平衡数值模型,分析其出口温度与局部对流换热系数随裂隙长度方向的变化规律。之后基于 Morris 法对裂隙粗糙度、裂隙宽度、流体初始流速 3 个特定参数进行参数灵敏度分析,分析特定范围下参数对高温花岗岩单裂隙渗流传热稳态过程的影响程度,以及参数之间的相互作用程度。以下总结本节内容:

(1) 岩石温度的改变以及岩石温度与水流初始温度的差异是提升出口温度的关键因素。岩石温度的提升会增大局部对流换热系数改变的幅度。初始流速的增大会影响局部对流换热系数与流速的相关性,随着初始流速的逐渐增大后,相关性逐渐减弱。

(2) 基本影响 EE 的结果显示,裂隙粗糙度的增加会使出口温度上升;裂隙宽度、初始流速的增大会使出口温度降低。在试验限定的各参数范围内,初始流速的改变对于出口温度的影响最为显著,而影响效果最小的是裂隙粗糙度,即粗糙度的变化对于出口温度的影响并不明显。

(3) 基本影响 EE 的结果显示,针对不同情况,裂隙粗糙度、裂隙宽度、初始流速的增

大可能提升平均对流换热系数，也有可能使之降低。在试验限定的各参数范围内，初始流速的改变对于平均对流换热系数的影响最为显著，而影响效果最小的是裂隙粗糙度，即粗糙度的变化对于平均对流换热系数的影响不明显。

（4）初始流速是高温花岗岩单裂隙渗流传热过程中的灵敏参数，裂隙宽度次之，裂隙粗糙度最小。考虑实际工程中成本问题以及各参数之间的影响作用，认为增大裂隙粗糙度是比较稳健的流动流体与高温岩体换热效率的做法。

§5 地热储层多裂隙岩体渗流传热机理研究

5.1 地热储层多裂隙岩体的渗流-温度耦合分析

本节在单裂隙岩体渗流传热耦合理论分析的基础上,分析了地热储层多裂隙岩体中的渗流场、水流温度场和岩体温度场之间的相互耦合关系,并在此基础上分析了地热储层多裂隙岩体渗流传热数学模型。

5.1.1 地热储层多裂隙岩体渗流场与温度场耦合作用

地热储层多裂隙岩体温度场的控制参数包括岩体的比热容、导热系数、密度,其中导热系数被称为特征参数,是最重要的参数。地热储层多裂隙岩体渗流场的控制参数包括流体的流速、密度、黏度等,裂隙岩体的孔隙度、裂隙开度以及连通性等,综合表现为表征岩体渗透性质的参数(渗透系数)。

5.1.1.1 多裂隙岩体渗流场对温度场影响的机理分析

当地热储层裂隙岩体中存在渗流时,热流量的运移输送主要可从以下两个方面来进行分析:一方面是岩体本身的传导传热作用,另一方面是取热工质在渗流过程中的对流传热作用。此时热流量为:

$$q_x = c_w \gamma_w v T - \lambda \frac{\partial T}{\partial x} \tag{5-1}$$

式中,c_w 为流体的比热容[J/(kg·k)];γ_w 为流体的容重;v 为取热工质的渗流速度(mm/s);T 为温度(℃);λ 为储层岩体的导热系数。

因此,在单位时间内流入所研究微元体单位体积的净热量为:

$$-\frac{\partial q_x}{\partial x} = -c_w \gamma_w \frac{\partial (vT)}{\partial x} + \frac{\partial}{\partial x}\left(\lambda \frac{\partial T}{\partial x}\right) \tag{5-2}$$

假定此热量与单位时间内岩体温度变化所吸收(温度升高)的热量相等,则有:

$$C\gamma \frac{\partial T}{\partial t} = -c_w \gamma_w \frac{\partial (vT)}{\partial x} + \frac{\partial}{\partial x}\left(\lambda \frac{\partial T}{\partial x}\right) \tag{5-3}$$

式中,C 为岩石的比热容;γ 为岩石的容重。

将式(5-3)扩展到三维情况下,并且考虑源(汇)项的三维热传导方程为:

$$\frac{\partial}{\partial x}\left(\lambda_x \frac{\partial T}{\partial x}\right) + \frac{\partial}{\partial y}\left(\lambda_y \frac{\partial T}{\partial y}\right) + \frac{\partial}{\partial z}\left(\lambda_z \frac{\partial T}{\partial z}\right) - c_w \gamma_w \left[\frac{\partial (v_x T)}{\partial x} + \frac{\partial (v_y T)}{\partial y} + \frac{\partial (v_z T)}{\partial z}\right] + Q_r = C\gamma \frac{\partial T}{\partial t} \tag{5-4}$$

式中,x,y,z 分别为建立坐标系的三个坐标轴方向;λ_i,v_i($i=x$,y,z)分别为取热工质沿着不同坐标轴方向上的导热系数和流体渗流速度。

由上式可以看出,多裂隙岩体温度场的分布特征受到渗流场分布特征的重要影响:取热工质在裂隙中流动的速度越小,则渗流场对多裂隙岩体温度场的影响也越微弱,而渗流场水头的分布又决定了取热工质渗流速度场的分布,由此可以看出多裂隙岩体渗流场对温度场的影响。

5.1.1.2 多裂隙岩体温度场对渗流场影响的机理分析

温度(流体温度)会在一定程度上通过改变流体自身的参数和裂隙结构来改变多裂隙岩体的渗透系数。温度场通过对地热储层多裂隙岩体的渗透系数来影响地热储层渗流场的分布特征,另外地热储层多裂隙岩体的温度场在发生变化时,地热储层岩体裂隙特征会在热应力的作用下发生改变,间接影响到岩体的渗流场分布特征,除了以上两点之外,温差形成的温度势能梯度也会造成流体的流动,与温度势能相关的问题较为复杂,因此温度对流体的造成的影响也比较复杂。

如果考虑温度的影响,多裂隙岩体渗流场的控制方程为:

$$\nabla(K \cdot \nabla H) + \nabla(D_T \cdot \nabla T) + Q_H = S_r \frac{\partial H}{\partial t} \tag{5-5}$$

式中,$H=H(x, y, z, t)$ 为渗流场水头分布;K 为岩体渗透系数张量;Q_H 为岩体中地下水系统的源(汇)项;S_r 为储水率;∇ 为梯度算子函数。

由上式可以看出,温度场的分布特征 $T=T(x, y, z, t)$ 对多裂隙岩体渗流场水头分布 $H=H(x, y, z, t)$ 有着很重要的影响。一方面,温度通过影响地热储层多裂隙岩体的渗透特性而影响地热储层多裂隙岩体渗流场的分布特征;另一方面,温度梯度自身也会影响取热工质在地热储层中的运移输运,而且温度梯度越大,对渗流场的影响也越显著。

5.1.2 多裂隙岩体的热流耦合控制方程

5.1.2.1 基本假定

基于非连续介质理论,考虑干热岩地热工程的实际情况,作出以下假设:

(1) 地热储层多裂隙岩体是由忽略渗透性质的岩块和地热储层岩体中所包含的裂隙组成,可以简化为连续介质模型。

(2) 在研究中不考虑由于温差导致的流体密度的变化而造成的自然对流作用,并且忽略热辐射作用。

(3) 温度的变化不会导致流体发生相变,即在整个地热工程采热过程中流体始终处于液态。

5.1.2.2 多裂隙岩体中渗流控制方程

1) 水流温度对渗流场影响机理的分析

由于假定地热储层岩块中不发生透水作用,因此对地热储层岩体中渗流场的分析区域主要为岩体的裂隙网络系统,取热工质温度对渗流的影响主要包括两个方面:

(1) 取热工质温度对渗透系数的影响。由立方定律可知,裂隙的渗透系数与流体的运动黏滞系数之间成反比关系,而取热工质的运动黏滞系数又是温度的函数。目前学者研究时广泛采用以下经验公式:

$$\mu = \frac{0.01775}{1 + 0.033 T_w + 0.000221 T_w^2} \tag{5-6}$$

式中，μ 为流体的运动黏滞系数，Pa·s；T_w 为流体温度，℃。

将上式代入裂隙流体渗透系数，可得：

$$K = \frac{gb^2}{12\mu} = \frac{gb^2(1+0.033T_w+0.000\,221T_w^2)}{0.213} \quad (5-7)$$

式中，K 为渗透系数，m/s；b 为裂隙宽度，m；μ 为流体的动力黏滞系数，Pa·s；g 为重力加速度，m/s^2。

（2）温度梯度引起取热工质的运移。由于与温度梯度相关的科学问题比较复杂，一般研究温度对流体运动的影响目前主要是采用以下经验公式来描述

$$q = -D_T \frac{\Delta T_w}{l} = -D_T\left(\frac{\partial T_w}{\partial x}+\frac{\partial T_w}{\partial y}+\frac{\partial T_w}{\partial z}\right) \quad (5-8)$$

式中，q 为温度梯度引起的流体流量；D_T 为温差作用下流体扩散率，m^2/(s·℃)。

2）多裂隙流体渗流控制方程

由式（5-5）可得，取热工质在多裂隙岩体裂隙网络中的运移输运应该满足控制方程：

$$\frac{\partial}{\partial x}\left(K_x\frac{\partial H}{\partial x}\right)+\frac{\partial}{\partial y}\left(K_y\frac{\partial H}{\partial y}\right)+\frac{\partial}{\partial z}\left(K_z\frac{\partial H}{\partial z}\right)+Q_H = S_r\frac{\partial H}{\partial t} \quad (5-9)$$

考虑取热工质温度对运移输运的影响，可得多裂隙岩体裂隙网络渗流场的控制方程为：

$$\frac{\partial}{\partial x}\left(K_x\frac{\partial H}{\partial x}\right)+\frac{\partial}{\partial y}\left(K_y\frac{\partial H}{\partial y}\right)+\frac{\partial}{\partial z}\left(K_z\frac{\partial H}{\partial z}\right)+D_T\left(\frac{\partial^2 T_w}{\partial x^2}+\frac{\partial^2 T_w}{\partial y^2}+\frac{\partial^2 T_w}{\partial z^2}\right)+Q_H = S_r\frac{\partial H}{\partial t}$$

$$(5-10)$$

对于各向同性介质来说，式（5-10）就可以化简为：

$$K\left(\frac{\partial^2 H}{\partial x^2}+\frac{\partial^2 H}{\partial y^2}+\frac{\partial^2 H}{\partial z^2}\right)+D_T\left(\frac{\partial^2 T_w}{\partial x^2}+\frac{\partial^2 T_w}{\partial y^2}+\frac{\partial^2 T_w}{\partial z^2}\right)+Q_H = S_r\frac{\partial H}{\partial t}$$

$$(5-11)$$

5.1.2.3 多裂隙岩体温度场热传导方程

1）忽略渗流影响的多裂隙岩体温度场

多裂隙岩体内部温度的变化必须遵守能量守恒定律，取微元体内岩块为研究对象，其温度变化等于流入、流出微元体内岩块的热能量差值。

取多裂隙岩体内部一个均匀各向同性微元体为研究对象，其中含有内热源，如图 5-1 所示。从微元体中取一个无限小的六面体，$dxdydz$，单位时间内沿 x 方向进入六面体的热量为 $q_x dydz$，经过 $x+dx$ 流出六面体的热量为 $q_{x+dx}dydz$，则在单位时间内沿 x 方向进入六面体的净热量值为：

$$Q_x = (q_x - q_{x+dx})dydz \quad (5-12)$$

由热传导理论可知热流密度 q 可表示为：

$$q_x = -\lambda\frac{\partial T}{\partial x} \quad (5-13)$$

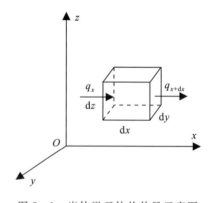

图 5-1 岩体微元体热传导示意图

式中，λ 为岩体的导热系数，kJ/(m·s·℃)，在研究中一般取等效导热系数。则：

$$q_{x+\mathrm{d}x} = -\lambda \left(x \frac{\partial \bar{l}}{\partial x} + \lambda \frac{\partial^2 T}{\partial^2 x} \mathrm{d}x \right) \tag{5-14}$$

将式（5-13）和式（5-14）代入式（5-12），得到：

$$Q_x = \lambda \frac{\partial^2 T}{\partial^2 x} \mathrm{d}x\mathrm{d}y\mathrm{d}z \tag{5-15}$$

同理，沿着 y，z 方向进入的净热流量分别为：

$$Q_y = \lambda \frac{\partial^2 T}{\partial^2 y} \mathrm{d}x\mathrm{d}y\mathrm{d}z \tag{5-16}$$

$$Q_z = \lambda \frac{\partial^2 T}{\partial^2 z} \mathrm{d}x\mathrm{d}y\mathrm{d}z \tag{5-17}$$

则六面体流入的总净热量为：

$$Q_1 = Q_x + Q_y + Q_z \tag{5-18}$$

裂隙岩体内部热源在单位时间内单位体积放出的热量为 q_V，则在单位时间六面体放出的热量为：

$$Q_2 = q_V \mathrm{d}x\mathrm{d}y\mathrm{d}z \tag{5-19}$$

在单位时间内，微元体中由于温度升高所吸收的热量为：

$$Q_3 = c\rho \frac{\partial T}{\partial x} \mathrm{d}x\mathrm{d}y\mathrm{d}z \tag{5-20}$$

式中，c 为岩体的比热容，kJ/(kg·℃)；ρ 为岩体的密度，kg/m³。

由能量守恒定律，微元体温度升高所需要的热量必须和从外界吸收的总净热量与内部热源所释放的能量之和相等，即 $Q_3 = Q_1 + Q_2$。

代入 Q_1，Q_2，Q_3 的表达式，化简后得到裂隙介质中的热传导方程：

$$\frac{\partial T}{\partial t} = \alpha \left(\frac{\partial^2 T}{\partial x^2} + \frac{\partial^2 T}{\partial y^2} + \frac{\partial^2 T}{\partial z^2} \right) + \frac{q_V}{c\rho} \tag{5-21}$$

式中，α 为岩体的热扩散率，$\alpha = \lambda \cdot (\rho c)^{-1}$，m²/s；其他含义同上。

在经过足够长时间后，微元体内部热量达到平衡状态（温度不再随时间而发生变化，固体内部也不再放出热量），即 $\frac{\partial T}{\partial t} = 0$，$q_V = 0$，此时裂隙岩体的热传导方程可以表示为：

$$\frac{\partial^2 T}{\partial x^2} + \frac{\partial^2 T}{\partial y^2} + \frac{\partial^2 T}{\partial z^2} = 0 \tag{5-22}$$

2）考虑渗流影响的岩体温度场

当裂隙岩体中的取热工质发生渗流运移时，一方面，取热工质的渗流运动促进了裂隙岩体与取热工质之间发生热量运移过程；另一方面，取热工质作为裂隙岩体中热量交换的载体，伴随着取热工质本身的渗流运动产生对流换热过程。

5.1.2.4 多裂隙流体温度场分析

对于多裂隙流体温度场，其研究区域为取热工质所在区域。从热力学方程出发，选取合适的坐标系，选取一个空间无限小的各向同性六面体作为流体研究对象，如图 5-2 所示。假设坐标轴方向与取热工质的运移移动方向一致，六面体边长分别为 $\mathrm{d}x$，$\mathrm{d}y$，$\mathrm{d}z$，且其与坐标轴平行，作为平衡单元体，则在 $\mathrm{d}t$ 时间内引起单元体内温度变化的作用主要有以下三个方面。

(1) 对流作用。由于水流运动，单元体沿坐标方向单位面积上的热对流量 Q_1 为：

$$Q_1 = -c_w \gamma_w \cdot \nabla(v_i \cdot T_w) \tag{5-23}$$

(2) 传导传热作用。单元体沿坐标方向单位面积上传导传热的热流量 Q_2 为：

$$Q_2 = \lambda_w \nabla^2 T_w \tag{5-24}$$

(3) 岩块与取热工质之间的热量交换作用。岩块与取热工质之间因为热量交换作用而进入取热工质微元体，单位面积上取热工质的热量 Q_3 为：

$$Q_3 = \frac{\lambda_r}{\delta}(T_r - T_w) \tag{5-25}$$

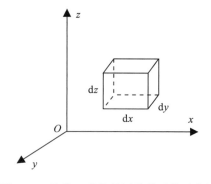

图 5-2 取热工质热量运移单元体示意图

式中，λ_r 为岩石的热传导系数。

根据能量守恒定律，单元体内取热工质与外界发生的热交换量应该等于单元体内水流温度的变化，可得：

$$Q_1 + Q_2 + Q_3 = c_w \gamma_w \frac{\partial T_w}{\partial t} \tag{5-26}$$

将式 (5-23) ~式 (5-25) 代入式 (5-26)，可得：

$$\lambda_w \nabla^2 T_w - c_w \gamma_w \cdot \nabla(v_i \cdot T_w) + \frac{\lambda_r}{\delta}(T_r - T_w) = c_w \gamma_w \frac{\partial T_w}{\partial t} \tag{5-27}$$

裂隙流体的运动服从达西定律，即：

$$v_i = K_f \nabla H \tag{5-28}$$

将式 (5-28) 代入式 (5-27)，得：

$$\lambda_w \nabla^2 T_w - c_w \gamma_w \cdot \nabla(K_f \nabla H \cdot T_w) + \frac{\lambda_r}{\delta}(T_r - T_w) = c_w \gamma_w \frac{\partial T_w}{\partial t} \tag{5-29}$$

忽略压力水头 H 的高阶项，将式 (5-29) 化简，最终可得：

$$\lambda_w \left(\frac{\partial^2 T}{\partial x^2} + \frac{\partial^2 T}{\partial y^2} + \frac{\partial^2 T}{\partial z^2} \right) - c_w \gamma_w K_f \left(\frac{\delta H}{\delta x} \frac{\delta T_w}{\delta x} + \frac{\delta H}{\delta y} \frac{\delta T_w}{\delta y} + \frac{\delta H}{\delta z} \frac{\delta T_w}{\delta z} \right) +$$

$$\frac{\lambda_r}{\delta}(T_r - T_w) + Q_w = c_w \gamma_w \frac{\partial T_w}{\partial t} \tag{5-30}$$

式中，Q_w 为流体温度场的源（汇）项。该式描述了裂隙内水流温度场的控制方程。

5.2 地热储层多裂隙岩体渗流传热模型

5.2.1 地热储层多裂隙岩体渗流传热模型建立

类似于单裂隙岩体渗流传热的模型，在地热储层多裂隙岩体研究中为了简化研究，建立模型时做出以下假设：

(1) 忽略岩体本身的渗透性，地下水仅在裂隙内流动，把地热储层裂隙岩体按照非连续介质来处理。

（2）假设岩体内的裂隙可以看成平行板状窄缝，裂缝的宽度为常数，裂隙面无限延伸且表面光滑，裂隙长度远远大于隙宽。

（3）裂隙内的水流为稳定的二维定常层流、常物性、无内热源、不可压缩牛顿性流体，并忽略取热工质黏性耗散过程中产生的耗散热。

（4）假设只有重力，取热工质只沿着 x 方向和 y 方向流动，取热工质的温度随时间发生变化，但是水流在整个过程中均处于液相。

为了研究地热储层多裂隙岩体中的渗流传热耦合机理，基于笔者之前的研究成果，在增强型地热系统的工程背景下，建立水平井平行多裂隙三维热储模型，模型如图5-3所示，图中 L 为储层裂隙岩体的厚度和宽度，d 为裂隙开度，R 为井筒直径，D 为裂隙间距。由于三维模型的计算量较大，对设备的要求较高，且比较耗费时间，因此在本书对此三维模型进行二维简化处理：取注水井和生产井的斜截面为研究对象，并进行比例缩小，得到的模型如图5-4所示。图中的各参数取值见表5-1。本模型在笔者之前的研究成果中已经得到验证，在此不再做赘述。

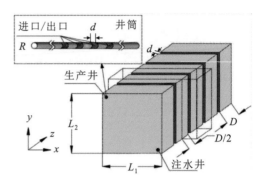

图 5-3 三维视角下的水平井平行多裂隙模型示意图

表 5-1 二维模型尺度参数取值

参数	数值	单位	备注
L_1	1	m	岩体宽度
L_2	1.414	m	岩体高度
R	5	cm	井筒直径
D	10	cm	裂隙间距
d	3	mm	裂隙开度

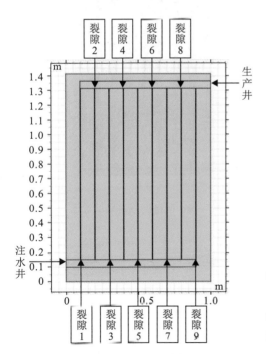

图 5-4 二维裂隙岩体计算模型示意图

5.2.2 边界条件以及基本参数

地热储层多裂隙岩体渗流传热研究的边界条件和计算参数如下：

（1）温度边界。岩体上下界面温度以及系统的初始温度取 $T_m=473K$（200℃），$x=0$ 处流体温度为 $T_w=293K$（20℃），岩体两侧边界取绝热边界。

（2）渗流边界。在图5-4中注水井指向的线段为流体流入边界，出水井指向的线段为流体流出边界,裂隙的左右边界以及井壁为不透水边界。

(3)计算参数。相关的计算参数根据地质勘探资料来进行选取,研究中的各参数取值如表 5-2 所示,其中岩石主要以花岗岩为研究对象。

表 5-2 多裂隙岩体研究参数选取详情表

参数	数值	单位	备注
ρ_s	2650	kg/m³	岩石密度
λ_s	3.49	W/(m·K)	岩石热导率
C_s	920	J/(kg·K)	岩石比热容
ρ_f	900	kg/m³	水的密度
λ_f	0.6069	W/(m·K)	水的热导率
c_f	4181.7	J/(kg·K)	水的比热容
μ	0.3	Pa·s	高温下水的动力黏度
T_{pro}	373	K	生产温度

(4)网格划分。研究中的网格划分采用物理场控制网格序列类型,为了减少计算量,单元大小设置为极粗化,进行自动划分,参数设置和网格剖分结果分别如图 5-5 和图 5-6 所示。

图 5-5 网格剖分设置参数示意图

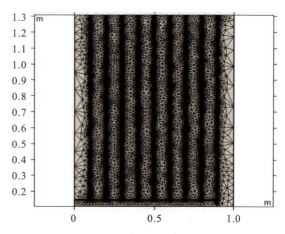

图 5-6 网格剖分结果示意图

5.3 数值模拟研究结果及分析

5.3.1 地热储层多裂隙岩体渗流传热温度场分析

采用以上研究参数并设置流体注入速度为 0.0005m/s 进行瞬态研究,可以看出当系统运行到 1000min 左右时,岩体温度场基本上开始处于稳定状态。分别取 $t=30$min,90min,180min,330min,510min,720min,960min,1200min 时地热储层裂隙岩体的温度场云图(图 5-7)。对地热储层裂隙岩体温度场分布演化特征的分析可以系统分为 3 个区域来进行讨论：注入井以下区域、裂隙区域以及生产井以上区域。

（1）流体注入井以下区域岩体温度场的分布演化特征与单裂隙岩体相类似，这主要是因为这部分区域的结构特征和单裂隙岩体相类似，因而具有相同的演化特征，这部分内容由于之前已经阐述，这里不再赘述。

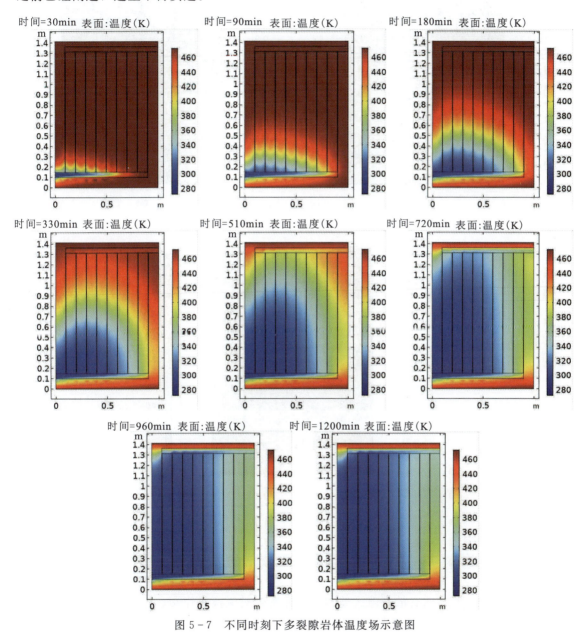

图 5-7　不同时刻下多裂隙岩体温度场示意图

（2）裂隙区域的演化特征相对其他两个区域温度场的演化来说较为复杂。为了更加清楚地理解裂隙区域温度的演化过程，截取180s、240s、450s时多裂隙岩体的温度场分布云图（图5-8）。由图中可以看出在180s之前，流体在到达第1条裂隙之前其温度已经与裂隙岩体达到动态平衡，在此之前裂隙区域的温度场不发生变化；在240s之后，和岩体未达到动

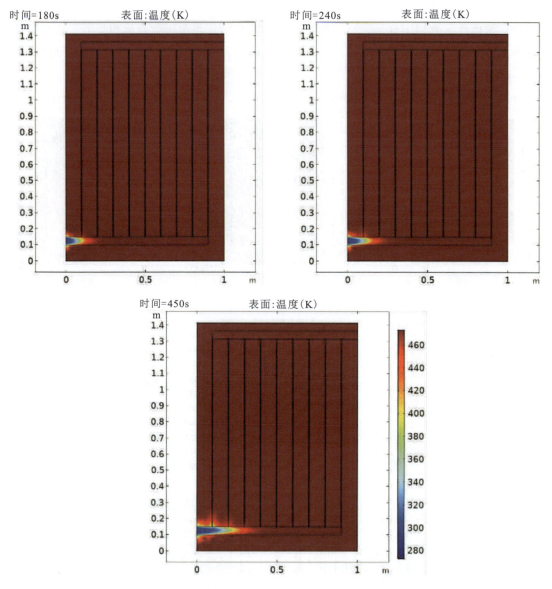

图 5-8 180s、240s、450s 时的岩体温度场云图

态平衡的流体开始进入第 1 条裂隙并与裂隙两侧的岩体发生热交换，但此时流体在到达进入其他裂隙之前已经与岩体达到动态平衡，因此在第 1 条裂隙之后其他裂隙的温度场暂不发生变化。以此类推，直到所有的裂隙区域和流体都发生对流换热作用。同时从图 5-7 可以注意到随着时间的推移，裂隙区域竖向位置最高的低温区域（定义为温度小于 323K（50℃））并不是靠近注水口的，而是在第 3、第 4 条裂隙两侧附近，这是由于第 1 条裂隙两侧的岩体相比其他裂隙两侧的岩体体积大，因而含有的热量更多，故第 1 条裂隙两侧岩体的温度下降就比较缓慢，在靠近出口侧的裂隙区域的温度同样不是最低的，其中的原因除了和第 1 条裂隙一致的原因外，还有一个重要的原因就是，当流体到达靠后的裂隙时，流体已经被周围的岩体所加热，导致后面的裂隙区域的岩体温度较高，这在单裂隙岩体流体注入温度的相关研究

中也可以得到相应的论证,同时随着时间的推移,第 1 条裂隙附近和中间裂隙之间产生温度差,此区域附近的热量便会向中间低温区域运移,直到热量达到平衡状态。

(3) 生产井以上区域岩体温度场的分布演化特征相比于其他两个区域较为简单。此区域的温度场在前期不发生变化,大概从 180min 开始,随着裂隙区域温度的下降,裂隙区域无法充分加热流体,没有被充分加热的流体流到生产井内时会被上侧的岩体均匀加热,上侧岩体的等温线基本上和生产井井壁平行。但是在左上角区域会形成一个温度死角区域,此区域的温度变化范围很小,且在岩体稳定状态时此区域依然存在。温度死角区域的存在不利于岩体中热量的充分开采,因此在干热岩地热工程中应该避免或者减少温度死角现象的存在,以提高地热储层岩体中热量的开采率。

为了探究流体温度场的分布规律,分别在第 1、3、5、7、9 条裂隙中心沿流体流动方向每隔 12cm 布置一个温度监测点,对裂隙内的流体温度场进行监测,由于井筒内的温度场分布较为简单在这里不做论述。稳态时各裂隙中心的温度分布如图 5-9 所示。从图中可以看出,第 1、3 条裂隙沿着裂隙流动的方向流体的温度均是逐渐上升的,温度分别上升 9.06%、3.26%。第 5、7 条裂隙是呈现先上升后下降的趋势,但整体呈现出上升趋势,最终温度分别上升 2.81%、1.19%,但是第 9 条裂隙沿着流体流动方向一直呈现下降的趋势,最终温度下降 11.43%。裂隙中心各点的温度分布呈现出以上规律主要在于流体流经区域的变化情况,前面靠近流体注入侧裂隙中心各点温度始终保持上升的原因是左侧裂隙岩体相对体积较大,同时可以发现在裂隙的后半部分温度上升较快,这是由于左上角温度死角的存在,第 1 条裂隙最终阶段温度出现较大幅度的上升就是最好的证明。第 9 条裂隙各点的温度始终保持下降,是因为第 9 条裂隙附近的能量会在温差的作用下向前面的低温区域补充。图 5-10 是同一水平上裂隙各温度监测点随 X 位置变化的情况示意图,从图中也可以验证以上有关多裂隙岩体和流体温度场的相关分析结论。

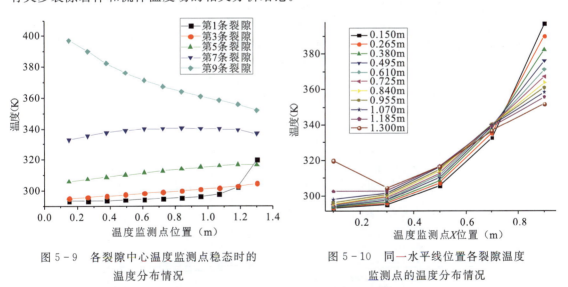

图 5-9 各裂隙中心温度监测点稳态时的温度分布情况

图 5-10 同一水平线位置各裂隙温度监测点的温度分布情况

5.3.2 流体注入速度对地热储层多裂隙岩体渗流传热的影响分析

类似于单裂隙岩体,流体注入速度对于多裂隙岩体渗流传热过程也有着重要的影响,为了探究流体注入速度对地热储层多裂隙岩体渗流传热过程的影响,确定流体注入速度 0.000 1～0.000 8m/s 为研究范围,0.000 1 为研究步长进行相关的研究。

1) 流体注入速度对岩体温度场的影响

不同流体注入速度下地热储层多裂隙岩体稳态温度场的分布情况如图 5-11 所示,从图中可以看出,地热储层多裂隙岩体在不同流体注入速度下的稳态温度场受到扰动的区域和幅度随着流体注入速度的增大而增大,低温区域(定义为温度低于 323K(50℃))也随着流体注入速度的增大而向右向上扩展,同时温度死角区域也随着流动注入速度的增加而逐渐减小。达到稳态时的地热储层多裂隙岩体的平均温度随着流体注入速度的增大而逐渐降低,如

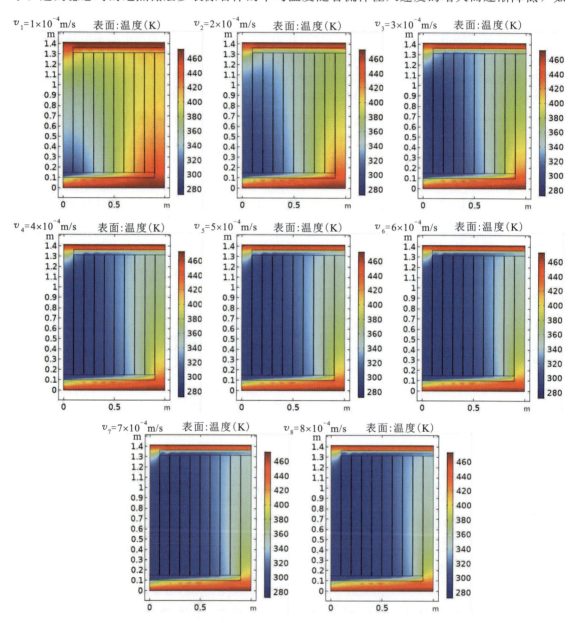

图 5-11 不同流体注入速度下地热储层多裂隙岩体稳态温度场分布示意图

图 5-12 所示，流体注入速度为 0.000 8m/s 时的地热储层多裂隙岩体的平均温度比 0.000 1m/s 时降低约 15.63%。从以上分析可知，较大的流体注入速度可以更加充分地开采地热储层中的热量。

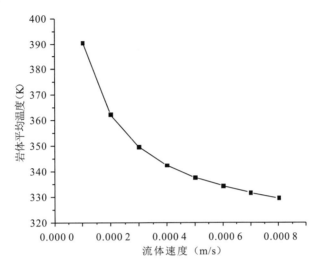

图 5-12　地热储层多裂隙岩体平均温度随流体注入速度的变化情况

2）流体注入速度对流体温度场的影响

不同流体注入速度下各裂隙中心的温度分布情况如图 5-13 所示，从图中可以看出，各裂隙中心温度分布规律和单裂隙岩体比较相似，都是随着流体注入速度的增大而降低。其中第 7、9 条裂隙，当流体注入速度较小时，裂隙中心的温度分布线呈下凹形态，这进一步验证了关于后期两侧岩体中的热量补充中间低温区域的相关论述。

流体出口平均温度随时间的变化情况如图 5-14 所示，从图中可以看出随着流体注入速度的增大出口平均温度呈现出下降的趋势，流体注入速度为 0.000 8m/s 时的出口平均温度要比 0.000 1m/s 时降低约 19.95%，这是因为较大的流体注入速度对多裂隙岩体温度场扰动的幅度更大。

3）流体注入速度与地热工程

从图 5-14 可以看出稳态时当速度大于 0.000 4m/s 时，稳态出口平均温度才会低于 373K（100℃），因此选取流体注入速度 0.000 4～0.000 8m/s 为研究对象。图 5-15 为不同流体注入速度下流体出口平均温度随时间的变化情况，从图中可以看出随着流体注入速度的增加，流体出口平均温度下降得越快，越容易趋于平稳，并随着流体注入速度的增大，系统的寿命就会越短，这是因为较大的流体速度加强了系统的采热速度，进而降低了系统的寿命，流体注入速度为 0.000 8m/s 时的系统寿命相比 0.000 4m/s 时降低约 67.35%，见图 5-16。

为了评价系统的效率，不同流体注入速度下出口法向总热通量随时间的变化情况如图 5-17 所示。可以看出流体出口法向总热通量在起始阶段随着流体注入速度的增加而呈现上升的趋势，但是在最后稳定阶段，却呈现出相反的规律。这是因为在起始阶段岩体和流体之间的温差相同，两者之间的对流换热效率一致，因而较大的流体速度会在单位时间内带出

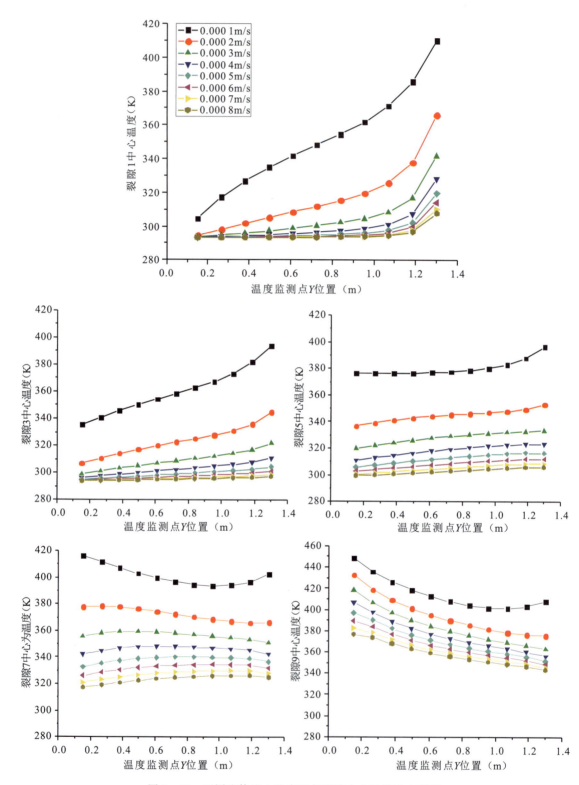

图 5-13 不同流体注入速度下各裂隙中心温度分布情况

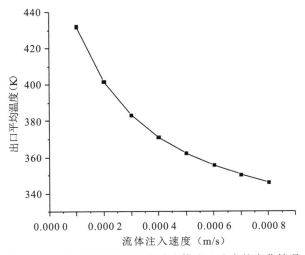

图 5-14 稳态出口平均温度随流体注入速度的变化情况

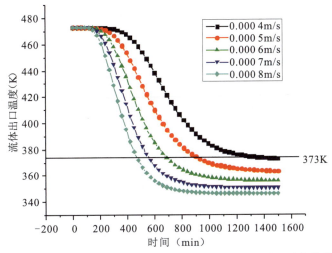

图 5-15 不同流体注入速度下出口流体平均温度随时间的变化情况

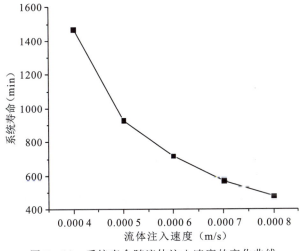

图 5-16 系统寿命随流体注入速度的变化曲线

更多的热量，但是随着时间的推移，流体注入速度较大时，岩体的平均温度降幅就会较大，两者之间的温差降低，因而出口法向总热通量随着时间的推移与起始阶段呈现出相反的规律。

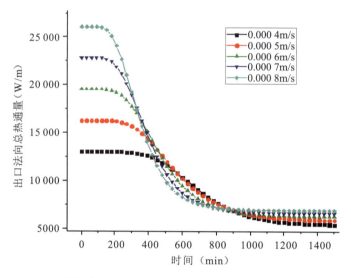

图 5-17　不同流体注入速度下出口法向总热通量随时间的变化情况

为了评价系统的效益，研究了在系统寿命期内，不同流体注入速度下流体出口总热量的情况如图 5-18 所示，随着流体注入速度的增大，系统在寿命期开采的总热量随之降低，其中流体注入速度为 0.000 8m/s 时的总热量相比 0.000 4m/s 时降低约 35.77%。

综上所述，较大的流体速度有利于更加充分地开采系统中的热能，但是如果考虑地热工程的效率和效益，流体速度的提升会降低系统的寿命以及在系统寿命期开采出的热量，因此在地热工程运行期间应该综合考虑能源的需求来设计合理的流体速度，以达到最大的经济效益。

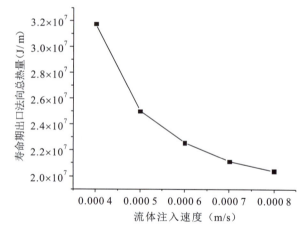

图 5-18　系统寿命期开采的总热量随流体注入速度的变化情况

5.3.3　流体注入温度对地热储层多裂隙岩体渗流传热的影响分析

为了探究流体注入温度对地热储层多裂隙岩体渗流传热的影响，设置 273～323K（0～50℃）为流体注入温度的研究范围，并以 10K 为步长，研究了不同流体注入温度下地热储层多裂隙岩体渗流传热的情况。

1) 流体注入温度对地热储层多裂隙岩体温度场的影响

图 5-19 为在不同流体注入温度下的地热储层多裂隙岩体稳态温度场云图，从图中可以

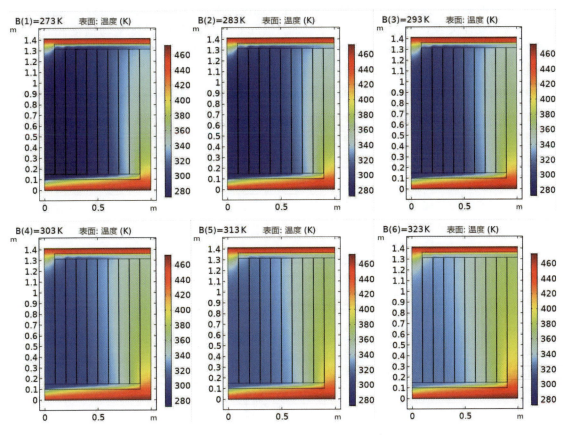

图 5-19　不同流体注入速度下多裂隙岩体的稳态温度场分布

看出随着流体注入温度的升高,地热储层多裂隙岩体受到扰动的幅度就会越低,这是因为流体注入温度的升高降低了裂隙岩体和流体之间的温差,两者之间的换热效率就会降低,流体从岩体之中带走的热量就会减少,且两者之间更加容易达到平衡状态。同时从图 5-20 可以

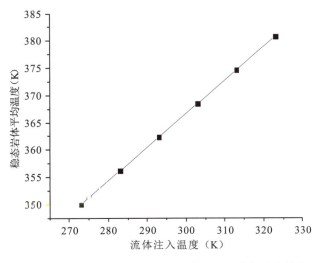

图 5-20　稳态岩体平均温度随流体注入温度的变化情况

看出，稳态时裂隙岩体的平均温度随着流体注入温度的增加呈现出上升的趋势，两者之间呈现出极强的线性关系，流体注入温度为323K（50℃）时的裂隙岩体平均温度相比273K（0℃）时上升约11.67%，这也说明较低的流体注入温度更有利于开采储层中的热量。

2）流体注入温度对流体温度场的影响

不同流体注入温度下各裂隙中心温度的分布情况如图5-21所示，随着流体注入温度的

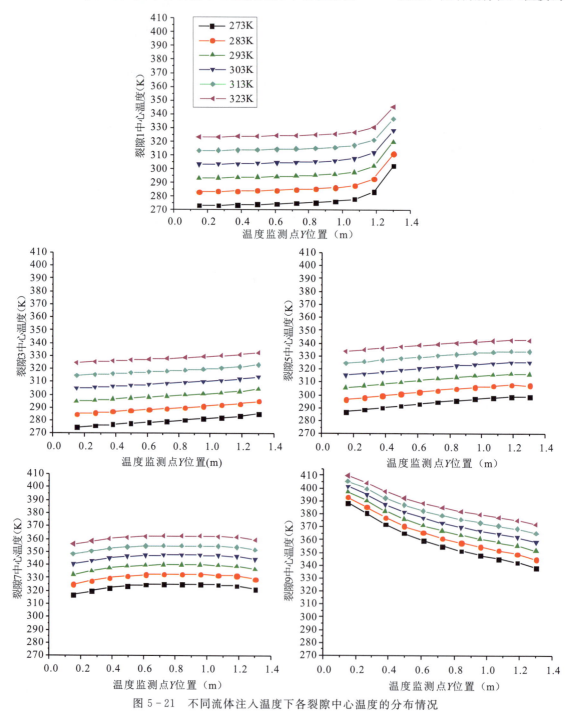

图5-21 不同流体注入温度下各裂隙中心温度的分布情况

提升,裂隙中心各点的温度均呈现出上升的趋势。同时从图 5-22 中可以看出,稳态时流体出口的平均温度也随着流体注入温度的上升而呈现出上升的趋势,且两者之间呈现出较强的线性关系,其中流体注入温度为 323K(50℃)时流体出口平均温度比 273K(0℃)时上升约 8.79%。

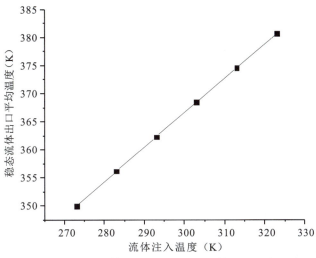

图 5-22　稳态时流体出口平均温度随流体注入温度的关系

3) 流体注入温度与干热岩地热工程

从图 5-22 中可以看出,当流体注入温度高于 303K(30℃)时,稳态时流体的出口平均温度始终高于 373K(100℃),因此本研究选取流体注入温度 273~303K(0~30℃)为研究范围,研究不同流体注入温度下与地热工程相关参数的变化情况。其中不同流体注入温度下流体出口平均温度随时间的变化情况如图 5-23 所示,随着流体注入温度的增加,出口流体平均温度越不容易趋于平稳状态,且系统的寿命也随之增加,如图 5-24 所示,其中流体注入温度为 303K(30℃)时的系统寿命相比 273K(0℃)时增加约 32%。

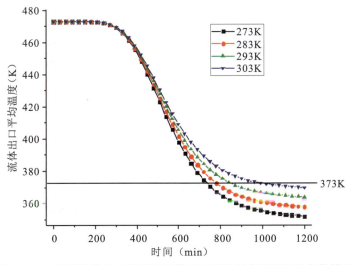

图 5-23　不同流体注入温度下流体出口平均温度随时间的变化情况

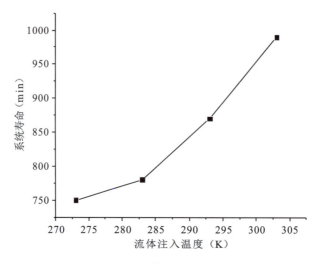

图 5-24　系统寿命随流体注入温度变化情况示意图

为了评价系统的效率和流体注入温度的关系，研究了不同流体注入温度下出口法向总热通量随时间的变化关系，如图 5-25 所示，随着流体注入温度的提升，出口法向总热通量越不容易趋于平稳，且稳定后的出口法向总热通量也越大，流体注入温度为 303K（30℃）时的出口法向总热通量比 273K（0℃）时增加约 35.26%。

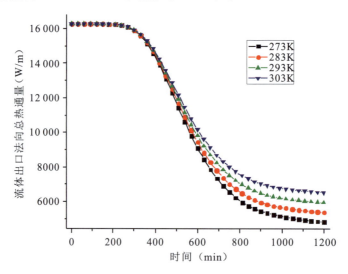

图 5-25　不同流体注入温度下流体出口法向总热通量随时间的变化情况

图 5-26 为不同流体注入温度下，系统在寿命期流体出口总热量随时间的变化情况。从图中可以看出，流体注入温度和系统在寿命期流体出口法向总热量之间并不是单纯的上升下降关系，当流体注入温度为 293K（20℃）时系统在寿命期开采地总热量最低，当温度低于或高于此值时，系统在寿命期的出口法向总热量都会出现上升的趋势。

综合以上分析，较低的流体注入温度有利于更加充分地开采干热岩地热储层中的热量，但是会影响出口法向总热通量和系统的寿命，同时流体注入温度和系统寿命期开采的总热量

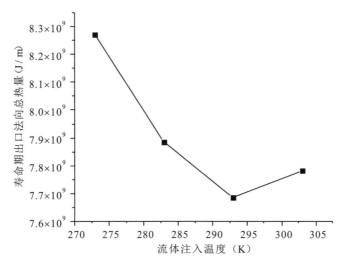

图 5-26 寿命期出口法向总热量随流体注入温度的变化情况

也有着密切的关系。在干热岩地热工程回灌流体温度的设计中应该综合考虑工程的各种需求。

5.4 本章小结

本章基于水平井平行多裂隙地热储层结构，在一些基本假定的基础上建立了地热储层裂隙岩体渗流传热模型，对地热储层多裂隙岩体渗流传热过程采用 COMSOL Multiphysics 进行了数值模拟研究，分析了稳态裂隙岩体温度场，揭示了不同流体注入速度和注入温度对多裂隙岩体的渗流传热过程的影响机理及其在地热工程中的相关应用。得到的主要结论如下。

(1) 地热储层多裂隙岩体温度场分布演化特征。系统温度场可以分为三个区域来分析：注水井以下区域温度场的分布及演化特征和单裂隙岩体类似；中间裂隙区域温度场在温度死角和注水井以下区域岩体的综合影响下，此区域的温度场呈现出下凹的形态；生产井以上的流动区域在系统运行前期基本上不发生变化，后期稳定后此区域的等温线基本上和生产井井壁平行。在左上角和右下角区域存在温度死角现象。

(2) 流体参数对地热储层多裂隙岩体渗流传热的影响。一方面流体注入速度的增大和流体注入温度的降低会增加系统扰动的幅度，流体注入速度为 0.000 8m/s 时的岩体平均温度比 0.000 1m/s 时降低约 15.63%，流体注入温度为 323K（50℃）时的岩体平均温度比 273K（0℃）时上升约 11.67%。同时研究发现，较大的流体注入速度和较低的流体注入温度有利于更加充分地开采出储层中的热量；另一方面流体注入速度和注入温度的增大减少了达到稳态时所需要的时间。

(3) 流体参数对地热工程的影响。为了评价流体参数对地热工程的相关影响，出口法向总热通量以及在寿命期出口法向总热量分别用于评价地热系统的寿命、效率与效益。通过分析发现：流体注入速度的提升会降低系统的寿命，流体注入速度为 0.000 8m/s 时系统的寿命相比 0.000 4m/s 时降低约 67.35%，同时降低了系统在寿命期的出口法向总热量值，其中流体注入速度为 0.000 8m/s 时的出口法向总热量相比 0.000 4m/s 时降低约 35.77%，出口法向总热通量在初始阶段随着流体速度的增大而增大，但是在稳定期却呈现出相反的规律。流体注入温度的提升会增加系统的寿命和出口法向总热通量，流体注入温度为 303K（30℃）时的系统寿命和出口法向总热通量相比 273K（0℃）时分别约增加 32%、35.26%，但是出口法向总热量在 293K（20℃）时最低，升高或者降低注入温度均会提高寿命期的出口法向总热量。

§6 热储裂隙特征对 EGS 水平井热能效应影响研究

干热岩（HDR）作为未来新能源利用的一个重要方向，正获得世界各国的高度重视。而增强型地热系统（EGS）能够通过人工方法实现开发地下深处蕴含巨大地热能的干热岩。

本章基于水平井开发模式，首先采用 ANSYS CFX 对增强型地热系统分别采用了连续介质模型和平行多裂隙模型进行了数值模拟，分析了两种水平井开发模式下热储的采热过程，研究了渗透率、注水流量等参数对干热岩热能提取效果的影响。其次，主要针对天然节理裂隙发育良好能够形成体积压裂的干热岩储层，基于水平井开发方式，在一定假设下采用了连续介质模型对采热过程进行了瞬态模拟。通过对模拟结果进行分析，发现不同渗透率下热储的渗流场分布形态有所不同，$k=1\times10^{-9} \text{m}^2$ 时，流体容易在深度方向形成流动短路；$k=1\times10^{-12} \text{m}^2$ 时，该方向的流动短路受到了抑制，但侧面流动短路发展到了极致。同时发现均匀分布的渗流场（例如 $k=1\times10^{-12} \text{m}^2$）有助于提高储层开采率，但相对减小了流体在深度方向上由于流动短路延长的流动路径，而适当的流动短路有助于提高 EGS 的开采性能。最后，分析了不同注水流量对储层的采热影响，注水流量越大（例如 $q=150\text{kg/s}$），虽然一定时间内能开采出更多的热能，但是较短的运行寿命不利于 EGS 工程的长时间发展。所以，当注水流量为 80kg/s 时，虽然能够维持不低于 5.2MW 的发电功率 15a 以上，但不满足商业需要；而注水流量为 120kg/s 时，能在 12a 内稳定输出不低于 8MW 电能，更适合工程发展的需要。

本章针对天然节理裂隙并不发育的干热岩储层，借用油气行业中的水平井多级压裂手段改造储层，进行干热岩的水平井多级开采，因此在前人研究的基础上本章建立了新的平行多裂隙三维模型，在充分考虑了裂隙开度、粗糙度等实际压裂参数的情况下，针对三维平行多裂隙模型进行了数值模拟。研究发现：①裂隙内部的流动短路现象会导致换热区域集中，降低了储层利用率；②较大的注水流量能提高前期的采热，但会缩短系统寿命；③裂隙间距越小，热穿透现象越严重，但由于裂隙间距与裂隙内部流动短路会共同制约系统寿命，所以过大的间距对系统寿命提高并不明显，反而降低储层开采率，同时储层长度一定的情况下，较小的间距能够存在更多独立的裂隙，寿命期内采热更多；④井间距对产出温度及热储层寿命呈正相关，较大的井间距能大幅度提高采热温度；⑤圆形裂隙模型由于没有裂隙边界的影响效应，相比较于矩形裂隙，具有更大的换热面积，所以采用正确的几何模型对预测 EGS 工程的开采潜能十分重要。

6.1 热流耦合下的渗流控制方程及 EGS 评价指标

6.1.1 计算流体动力学与模拟软件介绍

CFD（Computational Fluid Dynamics，计算流体动力学）是计算技术与数值技术的结合体，是将流体试验用数值模拟方法求解的过程。而数值模拟就是数值求解控制流体流动的微分方程，得出流场在连续区域上的离散分布，从而近似模拟流体流动情况。它综合了计算数学、计算机科学、流体力学、科学可视化等多种学科。广义的CFD包括计算水动力学、计算空气动力学、计算燃烧学、计算传热学、计算化学反应流动，甚至数值天气预报也可列入其中，目前在航空、航天、汽车等工业领域，利用CFD进行的反复设计、分析、优化已成为标准的必经步骤和手段。

现在通用的CFD商业软件包括：CFX、Fluent、STAR-CD、PHOENICS、Comsol等。经过对有关软件的考察，本书采用了CFX作为模拟软件。同时为了给模型提供高质量的网格，本书也采用了ICEM CFD作为网格划分软件。下面依次介绍两款商业软件。

6.1.1.1 CFX软件介绍

ANSYS CFX是一款全球第一个通过了ISO9001质量认证的高性能计算流体动力学（CFD）商业软件工具，由英国AEA Technology公司为解决其在科技咨询服务中遇到的工业实际问题（核反应堆多相流问题）而开发的计算流体数值模拟软件，于1986年开始作为商业软件投放全球市场。瑞士保罗谢尔研究所（Paul Scherrer Institute，简称PSI）是CFX第一个商业用户，截至目前CFX为全球6000多用户解决了大量实际问题，涉及行业遍及航空航天、旋转机械、能源、石油化工、机械制造、汽车、生物技术、水处理、防火安全、冶金、环保领域，尤其是在过程工业与旋转机械上占据行业领先地位，80%的企业用户使用CFX作为主要的CFD工具，已经成为最主要的单元模拟软件。2003年CFX软件被ANSYS公司收购。

对于一次具体的设计和优化过程，使用CFX的典型过程包括6个步骤（Ghanbarian，2016）：①几何造型；②设置流体介质的物理化学属性和机理模型；③设置边界条件；④生产网格；⑤求解；⑥可视化、定性和定量的分析。

CFX软件也具有如下几个特点：

（1）直观友好的界面（图6-1为操作界面）。

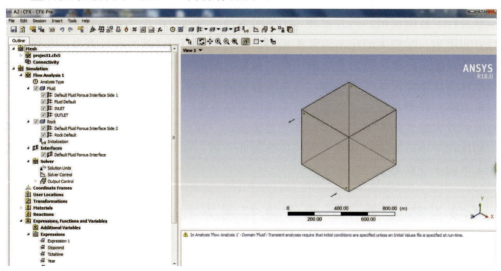

图6-1 CFX的操作界面

(2) 精确数值处理。
(3) 稳健快速求解。
(4) 丰富的物理模型。
(5) 强大的并行运算。

6.1.1.2 ICEM CFD 软件介绍

ANSYS CFD 的前处理模块 ICEM CFD 是一个高度智能化的能为专业 CFD 分析软件提供高质量网格的软件，具有三大特色：先进的网格剖分技术、一劳永逸的 CAD 模型处理工具和完备的求解器接口。ICEM CFD 可以集成于 ANSYS Workbench 平台，获得其所有优势，图 6-2 为 ICEM CFD 的操作界面。

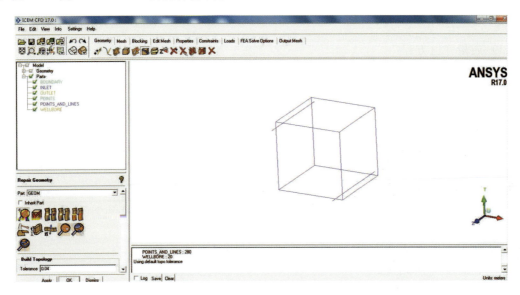

图 6-2 ICEM CFD 的操作界面

在 CFD 计算中，网格技术是影响求解精度和速度的重要因素之一。ANSYS CFD 的前处理模块 ICEM CFD 向用户提供业界领先的高质量网格技术，其强大的网格划分功能可满足 CFD 对网格划分的严格要求：边界层网格自动加密，流场变化剧烈区域网格局部加密，网格自适应用于激波捕捉，分离流模拟，高质量的全六面体网格提高计算速度和精度，非常复杂空间的四、六面体混合网格等。其具体优点如下：

(1) 独特的采用映射技术的六面体网格划分功能。通过雕塑方法在拓扑空间进行网格划分，自动映射到物理空间，可在任意形状的模型中划分出六面体网格。

(2) 映射技术自动修补几何表面的裂缝或小洞，从而生成光滑的贴体网格。

(3) 采用独特的 O 形（内、外 O 形）网格生成技术来生成六面体的边界层单元。

(4) 网格质量检查功能可以检查、标识质量差的单元。优异的网格"光滑"功能，可用来对已有的网格进行均匀化处理，从而大大提高了网格质量。

(5) 划分得到的网格是可编辑的，如转换单元类型：棱柱→四面体、所有网格→四面体、二次单元→线性单元等。

(6) ICEM CFD 的操作过程可以形成"命令流"，当几何模型尺寸改变时，只需运行

Replay 就可以很容易地重新划分网格。

（7）ANSYS CFX 的通用网格界面（GGI）功能，允许用户将不同类型的网格块黏接，大大降低了复杂模型的网格划分难度，并为具有多重参考坐标系的问题提供了最有效的解决方案。

（8）ICEM CFD 提供的网格生成工具有：ICEM Hexa 六面体；ICEM Tetra 四面体；ICEM Prism 棱柱体（边界层网格）；ICEM Hybrid 四、六面体混合；ICEM BF – Cart 笛卡尔边界自适应网格；ICEM Global 自动笛卡尔网格生成器；ICEM Quad 表面网格。

6.1.2 CFD 控制方程

计算流体动力学是基于流体的质量守恒方程、动量守恒方程、能量守恒方程而进行的数值模拟。

（1）质量守恒方程：

$$\frac{\partial \rho}{\partial t} + \frac{\partial (\rho \boldsymbol{V}_x)}{\partial x} + \frac{\partial (\rho \boldsymbol{V}_y)}{\partial y} + \frac{\partial (\rho \boldsymbol{V}_z)}{\partial z} = 0 \tag{6-1}$$

式中，ρ 为密度；t 为时间；$\boldsymbol{V}_x$，$\boldsymbol{V}_y$，$\boldsymbol{V}_z$ 分别为流体在 x，y，z 方向的速度。引入矢量符号 ∇，则矢量方程形式如下：

$$\nabla \cdot (\rho \boldsymbol{U}) + \frac{\partial \rho}{\partial t} = 0 \tag{6-2}$$

式中，$\boldsymbol{U}$ 为速度矢量。

以上考虑的是瞬态可压缩的质量守恒方程，若为定常流动，则 $\partial(a)/\partial t = 0$，所以有：

$$\nabla \cdot (\rho \boldsymbol{U}) = 0 \tag{6-3}$$

若流体不可压缩，即密度 ρ 为常数，则上式可变为如下方程：

$$\nabla \cdot \boldsymbol{U} = 0 \tag{6-4}$$

（2）动量守恒方程：

根据牛顿第二定律可推导出黏性流体的动量守恒方程：

$$\begin{aligned}
-\frac{\partial \boldsymbol{p}}{\partial x} + \frac{\partial \boldsymbol{\tau}_{xx}}{\partial x} + \frac{\partial \boldsymbol{\tau}_{yx}}{\partial y} + \frac{\partial \boldsymbol{\tau}_{zx}}{\partial z} + \boldsymbol{F}_x &= \frac{\partial \boldsymbol{V}_x}{\partial t} + \boldsymbol{V}_x \frac{\partial \boldsymbol{V}_x}{\partial x} + \boldsymbol{V}_y \frac{\partial \boldsymbol{V}_x}{\partial y} + \boldsymbol{V}_z \frac{\partial \boldsymbol{V}_x}{\partial z} \\
-\frac{\partial \boldsymbol{p}}{\partial y} + \frac{\partial \boldsymbol{\tau}_{xy}}{\partial x} + \frac{\partial \boldsymbol{\tau}_{yy}}{\partial y} + \frac{\partial \boldsymbol{\tau}_{zy}}{\partial z} + \boldsymbol{F}_y &= \frac{\partial \boldsymbol{V}_y}{\partial t} + \boldsymbol{V}_x \frac{\partial \boldsymbol{V}_y}{\partial x} + \boldsymbol{V}_y \frac{\partial \boldsymbol{V}_y}{\partial y} + \boldsymbol{V}_z \frac{\partial \boldsymbol{V}_y}{\partial z} \\
-\frac{\partial \boldsymbol{p}}{\partial z} + \frac{\partial \boldsymbol{\tau}_{xz}}{\partial x} + \frac{\partial \boldsymbol{\tau}_{yz}}{\partial y} + \frac{\partial \boldsymbol{\tau}_{zz}}{\partial z} + \boldsymbol{F}_z &= \frac{\partial \boldsymbol{V}_w}{\partial t} + \boldsymbol{V}_x \frac{\partial \boldsymbol{V}_z}{\partial x} + \boldsymbol{V}_y \frac{\partial \boldsymbol{V}_z}{\partial y} + \boldsymbol{V}_z \frac{\partial \boldsymbol{V}_z}{\partial z}
\end{aligned} \tag{6-5}$$

式中，p 为流体微团上的压力；$\boldsymbol{\tau}_{xx}$，$\boldsymbol{\tau}_{xy}$，$\boldsymbol{\tau}_{xz}$ 分别为作用于流体微团表面上的黏性力 $\boldsymbol{\tau}$ 在 x，y，z 方向上的分量；$\boldsymbol{F}_x$，$\boldsymbol{F}_y$，$\boldsymbol{F}_z$ 分别为微团上在 x，y，z 方向上的体积力。上式也叫流体运动微分方程，也叫 Navier – Stokes 方程（简称 N – S 方程）。

（3）能量守恒方程：

流体的能量方程主要分为三项：内能、动能和势能，则根据热力学第一定律，流体的能量方程如下：

$$\lambda \frac{\partial^2 T}{\partial x^2} + \lambda \frac{\partial^2 T}{\partial y^2} + \lambda \frac{\partial^2 T}{\partial z^2} = C_p \rho \left[\frac{\partial T}{\partial t} + \frac{\partial (\boldsymbol{V}_x T)}{\partial t} + \frac{\partial (\boldsymbol{V}_y T)}{\partial t} + \frac{\partial (\boldsymbol{V}_z T)}{\partial t} \right] + S_T \tag{6-6}$$

式中，T 为温度；C_p 为比热容；λ 为流体的传导率；S_T 为流体的内热源。其矢量形式如下所示：

$$\frac{\partial (\rho T)}{\partial t} + \nabla \cdot (\rho \boldsymbol{U} T) = \nabla \cdot \left(\frac{\lambda}{C_p} \Delta T\right) + S_T \qquad (6-7)$$

6.1.3 多孔介质模型

6.1.3.1 多孔介质

多孔介质最初的研究领域是地下水勘探与预测。最早由达西于1856年提出了著名的达西定律，该定律的使用有一定的条件限制。所以多孔介质学科属于一门发展较早的科学技术。但是长久以来，该学科都停留在土壤与岩层中水体流动这一类问题上。直到20世纪30年代才在油气领域得到运用，并加速了该学科的发展。随着能源、化工、冶金、原子能、航空航天、制冷低温、食品加工、生物工程等领域中的技术发展，以及近代工农业生产的技术进步，又提出了大量更为复杂的多孔介质传递过程问题，从而更进一步促进了多孔介质传递科学技术的各种研究，使其成为当今科学技术中令人瞩目的研究热点之一。无论是科学的发展、技术的进步，还是现实的需求，多孔介质学科的形成和发展已成为了必然。如今在地热行业，多孔介质渗流与传热学又重新开启了新的研究领域（Franz, 2016）。

多相物质共同占据了一个空间，这个空间就称为多孔介质，也是一种由多种物质共存的一种组合体。其中非固体骨架且有流体流动的空间叫作孔隙，流体可以是液相或气相或气液两相共存于孔隙中，其他相都弥散在其中，并且以固相为固体骨架构成空隙空间的某些空洞相互连通。

多孔介质内的微小空隙总的体积和此多孔介质外表的总体积的比值称为孔隙度。孔隙度分为两种：多孔介质内相互连通的微小空隙的总体积与该多孔介质的外表体积的比值称为有效孔隙度；多孔介质内相通的和不相通的所有微小孔隙的总体积与此多孔介质的外表体积的比值称为总孔隙度或绝对孔隙度。

6.1.3.2 多孔介质模型的建立及参数的确定

多孔介质模型结合模型区域所具有的阻力经验公式通常被定义为"多孔"，实际上多孔介质只不过是在动量方程中具有了附加的动量损失而已。当使用这一模型时，即定义了一个具有多孔介质的单元区域，而且流动的压力损失由多孔介质的动量方程中所输入的内容来决定。多孔介质模型进行设置时应设定穿越多孔介质的流体，并为渗流流体指定方向，使用笛卡尔坐标系定义系数的基本方法是在二维问题中定义一个方向矢量，第二个方向矢量没有明确定义，它是垂直于指定的方向矢量和向矢量所在的平面内的。在三维问题中定义两个方向矢量，且两个方向矢量必须互相垂直，第三个方向矢量是垂直于所指定的两个方向矢量所在平面的。

多孔介质模型的动量方程具有两个附加的动量源项，一个是黏性损失项，另一个是惯性损失项。通过多孔介质的层流流动中，流动速度比较小，惯性损失项几乎为零，只需定义黏性损失项；在高速流动中，压降指定为动压头的函数，可以忽略黏性损失，只定义惯性损失项。本书研究的是层流运动，所以只需要定义黏性阻力系数。除了定义源项外，还需要定义多孔介质的孔隙度。多孔介质的孔隙度或孔隙大小取决于多孔介质中骨架的粒径分布和孔径分布。除此之外还与土颗粒的组成与排列形状有关，并且还受多孔介质中的固结物质及沉积环境因素的影响。而关于多孔介质流动参数的确定，这里首先介绍一个基本概念。

体积孔隙度：一个点处的体积孔隙度 γ 是指该点附近的一个无穷小的控制单元内允许流体流动的体积 V' 与物理体积 V 之比：

$$V' = \gamma V \tag{6-8}$$

根据渗流理论，达西于 1856 年为解决水的净化问题从大量实验中总结出来达西公式。达西对水通过均匀砂层的缓慢流动作了大量实验，研究表明：单位时间流过砂层的体积流量 q 与横截面积 A、测压管水头差 $h_1 - h_2$ 成正比，与流过的砂层长度 L 成反比，即：

$$q = KA \frac{h_1 - h_2}{L} \tag{6-9}$$

式中，定义 $q/A = V$ 为渗流速度，$(h_1 - h_2)/L = J$ 为水力坡度，则上式也可写为：

$$V = KJ \tag{6-10}$$

这就是著名的达西定律。式中，K 为标志渗流能力大小的实验常数，称为渗透系数。由量纲分析知：

$$K = \frac{k\rho g}{\mu} \tag{6-11}$$

式中，ρ、μ 分别为流体的密度和动力黏度；g 为重力加速度；k 为介质的渗透率。将上式代入，则达西定律变为：

$$V = \frac{k\rho g}{\mu} J \tag{6-12}$$

在 CFX 中，使用压力梯度代替无量纲量水力坡度 J，故达西定律变为：

$$-\frac{\mathrm{d}p}{\mathrm{d}l} = \frac{\Delta p}{L} = \frac{\rho g(h_1 - h_2)}{L} = \rho g J = \rho g \frac{\mu}{k\rho g} V = \frac{\mu}{k} V \tag{6-13}$$

考虑到通用性，将渗流的二项式定律作为达西定律的一般形式，并按坐标系分方向列出，x_i 方向的表达式如下：

$$-\frac{\partial p}{\partial x_i} = \frac{\mu}{k} U_i + k_{\mathrm{loss}} \frac{\rho}{2} |U| U_i = C^{R1} U_i + C^{R2} |U| U_i \tag{6-14}$$

式中，μ 为动力黏度；k 为渗透率；k_{loss} 为损失系数；C^{R1}、C^{R2} 分别为线性的和平方的阻力系数。该式就是 CFX 多孔介质模型计算的基础。

6.1.3.3 多孔介质流动的控制方程

CFX 中的多孔介质模型基于纳维-斯托克斯方程和达西定律。它能够模拟那些几何结构太复杂以致不便划分网格的问题。模型保留了对流项和扩散项，因此能够应用于棒束或管束流动。根据连续性方程，模型假设多孔介质中"无穷小"的控制体和控制面相对于孔间隙来说仍然是很大的（尽管实际上它们可能小于孔隙的尺寸），因此，每个给定的控制单元和控制面都既包含了固体域，也包含了流体域。

1）渗流场控制方程

（1）流体的连续性方程如下：

$$\frac{\partial}{\partial t}(\gamma \rho_\mathrm{f}) + \nabla \cdot (\rho_\mathrm{f} \boldsymbol{K} \cdot \boldsymbol{U}) = 0 \tag{6-15}$$

式中，t 为时间，s；γ 为孔隙度，由于裂隙完全开放，所以取值为 1；ρ_f 为流体密度；$\boldsymbol{K}$ 为二阶面积孔隙度张量，其中 $\boldsymbol{K} = \boldsymbol{K}_{ij} = \gamma \delta_{ij}$；$\boldsymbol{U}$ 为速度矢量，m/s。

(2) 流体的动量方程如下：

$$\frac{\partial(\gamma \rho_f \boldsymbol{U})}{\partial t} + \nabla \cdot [\rho_f (\boldsymbol{K} \cdot \boldsymbol{U}) \otimes \boldsymbol{U}] - \nabla \cdot \{\mu \boldsymbol{K} \cdot [\nabla \boldsymbol{U} + (\nabla \boldsymbol{U})^{\mathrm{T}}]\} = -\gamma \nabla P - \gamma \left(\frac{\mu}{k} \boldsymbol{U} - \rho_f g\right) \tag{6-16}$$

式中，P 为压力，Pa；g 为重力加速度，m/s²。

忽略对流加速和扩散项，动量方程可简化为达西定律：

$$-\nabla P - \frac{\mu}{k} \boldsymbol{U} + \rho_f g = 0 \tag{6-17}$$

2) 温度场控制方程

CFX 中关于多孔介质渗流的能量方程主要分为局部平衡能量方程和局部非平衡能量方程，后者由于考虑了岩石与流体之间的换热，被运用得更多。

(1) 局部平衡能量方程如下：

$$\frac{\partial[\rho_f \gamma (C_f T)]}{\partial t} - \frac{\partial P}{\partial t} \gamma + \nabla \cdot [\rho_f \boldsymbol{K} \cdot \boldsymbol{U}(C_f T)] = \nabla \cdot (\lambda_e \boldsymbol{K} \cdot \nabla T) + \nabla \cdot (\boldsymbol{K} \cdot \boldsymbol{U} \cdot \boldsymbol{\tau}) \tag{6-18}$$

式中，λ_e 为有效热导率，W/(m·K)；$\boldsymbol{\tau}$ 为流体剪应力，Pa。

(2) 局部非平衡能量方程如下：

岩石能量方程：

$$\frac{\partial[\rho_s (1-\gamma)(C_s T_s)]}{\partial t} = \nabla \cdot (\lambda_s \nabla T_s) + \boldsymbol{Q}_{fs} \tag{6-19}$$

流体能量方程：

$$\frac{\partial[\rho_f \gamma (C_f T_f)]}{\partial t} + \nabla \cdot [\rho_f \boldsymbol{K} \cdot \boldsymbol{U}(C_f T_f)] = \nabla \cdot (\lambda_f K \nabla T_f) + \boldsymbol{Q}_{sf} \tag{6-20}$$

式中，λ_s 为岩石热导率，W/(m·K)；λ_f 为流体热导率，W/(m·K)；T_s 为岩石温度，K；T_f 为流体温度，K；C_s 为岩石比热容，J/(kg·K)；C_f 为流体比热容，J/(kg·K)。其中：

$$Q_{fs} = -Q_{sf} = h A_{sf}(T_s - T_f) \tag{6-21}$$

代表对流换热系数 h 和多孔介质区域的比表面积 A_{sf} 的乘积，单位为 W/(m³·K)。

6.1.4 EGS 评价指标

为了研究方便，本节将介绍有关 EGS 评价指标的相关计算公式。主要的热开采性能指标参考了相关文献，具体指标如下：

(1) 通常 EGS 运行寿命定义为产流温度 T_{pro} 低于某一指定温度时，系统运行时长。

(2) 热开采率 γ 定义式如下：

$$\gamma = \frac{(T_{avg(init)} - T_{avg(t)}) \times (C_s \rho_s V_s)}{T_{avg(init)} \times (C_s \rho_s V_s)} \times 100\% \tag{6-22}$$

式中，$T_{avg(init)}$ 为岩石初始时刻平均温度，$T_{avg(t)}$ 为 t 时刻岩石的平均温度；V_s 为所研究岩体单元体积。

(3) 假定提取能量全部用于发电，由热力学第二定律可知能够进行转换的能量为 $W_h(1-T_o/T_{pro})$，其中 T_o 为最小转换温度，一般取值研究区域的注水温度，T_o/T_{pro} 的计算采用绝对温度。又因为一般热能转换系数为 0.45，所以得到发电功率 W_e 的计算公式：

$$W_e = 0.45q(h_{pro} - h_{inj})(1 - T_o/T_{pro}) \qquad (6-23)$$

所以一定时间内总发电量 Q 的计算公式为：

$$Q = \int_0^t 0.45q(h_{pro} - h_{inj})(1 - T_o/T_{pro})dt \qquad (6-24)$$

式中，Q 为发电量，MJ；q 为注水流量；h_{pro}，h_{inj} 分别为产流热焓和注入流体热焓，kJ/kg；T_o 为最小转换温度，K；0.45 为热能转换电能的有效利用系数。

6.2 EGS 水平井均匀压裂性储层地下开采过程模拟

针对无法探明 EGS 工程地下热储裂隙网络具体几何形态和空间分布的情况下，研究者们一般采用连续介质模型对储层进行较为准确的宏观描述。因为连续介质模型不需要很严格地区分热储中裂隙和岩石骨架，同时具有相对简单的参数设定，所以计算量小，效率高，能够降低对计算机的要求。特别是我国的 EGS 工程仍旧处于初步探讨的阶段，采用该方法具有很大的必要性。

本章根据连续介质模型，在一定假设下采用水平井开发方式，对体积压裂的干热岩储层进行数值模拟，研究水平井开发模式的采热过程以及影响参数。

6.2.1 数值计算模型与方案设计

6.2.1.1 数值计算模型

考虑到对角布井能够有效增大流体在储层中的流动路径，延长流体受加热时间，所以本章的模型也都采用对角布井方式。本章建立的 EGS 水平井开采模式的概念模型主要由两部分组成：①开放性通道的井筒；②均匀压裂后具有一定渗透率的人工热储，具体示意图如图 6-3 所示。模型中的注入井与生产井均为直径 0.3m 的圆形通道，贯穿整个热储，而人工热储压裂体积为 500m×500m×500m，重力加速度 g 方向为 y 轴负方向。

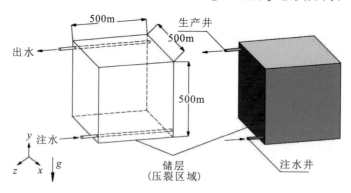

图 6-3 概念模型

模型通过 ICEM CFD 生成结构化网格，靠近井筒区域进行网格局部加密，并在 x-y 平面上采用分段划分的方法，总共分为三段：①第一段由最小尺寸为 0.04m 的网格，沿 $x(y)$ 方向以 1.05 的比例增长划分 6 层网格；②第二段以 0.1m 的最小尺寸，沿 $x(y)$ 方向以

1.1的比例增长划分10层网格；③第三段以0.25m的最小尺寸，沿 x（y）方向以1.2的比例增长划分，最大尺寸为10m。在 y-z 平面上，靠近进口区域最小尺寸为1m的网格，沿 z 方向向两边以1.2的比例增长，最大尺寸控制在10m，具体网格示意图如图6-4所示。

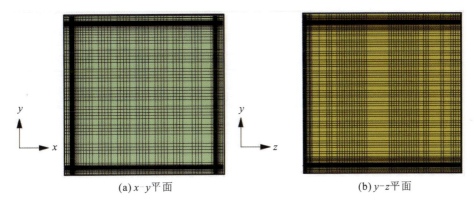

(a) x-y平面　　　　　　　　　(b) y-z平面

图6-4　网格分布图

为简化工程问题，对研究对象作如下假设：
（1）储层采用多孔介质处理，其渗透率与孔隙度保持不变。
（2）不考虑岩石的热辐射效应，水流和岩石以热对流和热传导形式进行。
（3）热开采阶段不考虑热恢复效应。
（4）忽略温压条件变化对系统热物性的影响，即整个开采阶段岩石和水的热传导系数、比热容、密度为常数。
（5）模拟过程中，储层水流速度均匀，且始终保持液相流动，不与周围岩石发生化学反应。

由于储层中的高温岩体与注入的冷流体之间存在巨大的温差，所以采用两个能量方程分别描述流体与岩石的温度场可以很好地处理局部区域流体与岩体的换热，能更真实地模拟EGS地下热流过程，所以模拟过程中采用了局部非平衡能量方程。

6.2.1.2　方案设计

目前，增强型地热系统主要用于深层岩体结构，所以高温高压下岩体和水的热物性参数选择参考了相关地质勘探结果，具体见表6-1。

为了研究系统运行过程中，在TH耦合下裂隙流动特征对采热的影响，本节对模型尺寸以及随尺寸变化的相关参数进行了设置，得到了不同的算例进行对比分析，其具体算例见表6-2。流体入口设为流量入口，注水温度 T_{inj} 保持常数333.15，出口设为自由流，岩体上下底面边界面设为绝热边界面。整个储层平均温

表6-1　水及岩体的热物性参数

参数	数值	单位	备注
ρ_s	2650	kg/m³	岩石密度
λ_s	3.49	W/(m·K)	岩石热导率
C_s	920	J/(kg·K)	岩石比热容
γ	0.01	—	热储孔隙度
ρ_f	900	kg/m³	水的密度
λ_f	0.6069	W/(m·K)	水的热导率
c_f	4181.7	J/(kg·K)	水的比热容
μ	0.3	Pa·s	高温下水的动力黏度
R	0.3	m	井径

度为 473.15K，分为上表面为 461.15K，下表面是 485.15K，沿 y 方向呈 6K/100m 的梯度变化的储层温度分布和全部为 473.15K 的储层温度分布。模拟过程实时监控出口温度，当出口温度达到 393.15K，计算停止。

表 6-2 算例设置

算例	流量 q (kg/s)	渗透率（m²）	换热系数与比表面积的乘积 hA_{sf} [W/(m³·K)]
1	80	10^{-9}	1
2	80	10^{-10}	1
3	80	10^{-12}	1
4	120	10^{-10}	1
5	150	10^{-10}	1
6	80	10^{-10}	10

6.2.2 渗流场分析

从流体的动量方程可以分析流体的渗流行为：在热储中的流体流速极低，所以动量控制方程中的对流项和黏性阻力项对流动的影响可以忽略不计，控制方程可以变为靠较大压差驱动流体流动的达西定律，而达西定律主要包含压力、达西阻力和体积力，在密度基本不变的设置下，体积力是确定的，所以主要影响流动的因素就变为了储层中的压力。当采用竖井开采模式，考虑到竖直方向的重力作用，注入井底部与生产井顶部之间存在最大的压差，在这种先天存在的额外基础压差（不包括泵压）下，会导致流体发生很严重的对角短路。而水平井与竖井相比，能够使流体在整个水平段井底的重力水位保持一致，有效抑制了流体在垂直方向上出现流动短路现象，形成更利于充分采热的均匀渗流场，所以本节设置了三种渗流场来验证该思路的有效性。

图 6-5 反映了双井所在 u-z 平面下算例 1，2，3 的渗流场速度分布情况，从图中可以看到在三种渗透率的设置下，储层中出现了不同形式的速度分布情况，为了说明方便，在速度分布图中分别标注了 A，B，C 三点。同时需要注意的是，案例分析中所涉及的流动路径仅受到储层渗透率变化的影响，因为模拟中并没有考虑储层中流体密度、黏度以及储层孔隙度的变化。从图 6-5（b）可发现，由于管道中的沿程阻力远小于储层中的达西阻力，所以流体通过管道进入储层的时候，不会在 A 点处就向储层发生大范围的流动迁移现象，而是快速涌向注水井末端 C 点，并在较大泵压下推动流体在 C 处向储层内沿最短流动路径 2 进行大范围的流动迁移。但是随着渗透率增大[图 6-5(a)]，储层中受到的沿程达西阻力减小，流体从管道进入储层后在 A 点沿最短路径 1 就能迅速发生流动迁移，所以注水井管道进口附近也出现了主要流动迁移的区域，这种现象区别于竖井开采模式所造成的深度方向的流体短路：由于重力产生的先天基础压差，导致在渗透率较大时只会从注水井底端发生向生产井顶端的对角方向的流动迁移现象。当储层渗透率过小[图 6-5(c)]时，流体受到的达西阻力过大，为保证循环流量，必须加大注水泵压才能驱动流体进入储层，同时过小的渗透率阻止了流体在储层中形成流动短路现象，在图 6-5c 中表现为仅有 u 方向的速度变化而没有 z 方

向的速度变化，即不会出现流体集中在路径 1 与路径 2 上进行流动迁移，所以在 u-z 平面下的流体短路消失了，形成均匀迁移的渗流场。

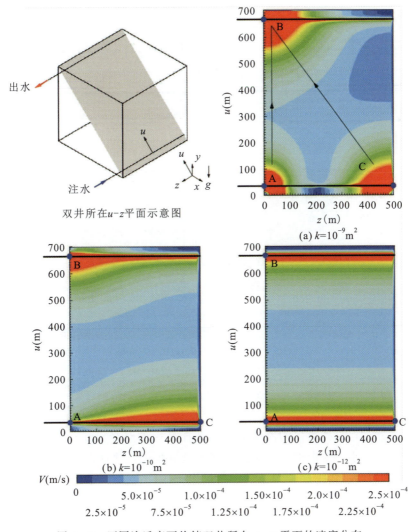

图 6-5　不同渗透率下热储双井所在 u-z 平面的速度分布

从图 6-5 还注意到流体沿斜对角方向的流动由于渗透率的减小而被抑制，导致较少的流体会沿路径 2 流动，这种被抑制流动的现象显然不利于热储的开发，因为缩短了流体流动路径，使流体不能充分与热储中的岩石发生热交换，而过快进入水平段生产井的井筒中，最后被开采出，导致产流温度的过快降低，缩短了系统寿命。

图 6-6 反映了 $z=0$ 处，x-y 平面下，算例 1，2，3 在 u 方向速度分布。从图中可以看到，流体主要集中在中部并沿线路 EF 流动，这是因为当注水井与生产井中的流体压力变化相对不大时，流通路径越曲折，沿程的压力梯度也就越小，而在较小的渗透率，较大压力梯度下，流体会趋于选择直线最短路径流动，所以形成了严重的侧面短路现象。同时，从图 6-6 也注意到，随着储层渗透率的降低，x-y 平面下的 u 方向的速度分布逐渐趋于稳定。这是因为在较低渗透率的储层中，流体在 u-z 平面下的流动短路已经消失，所以几乎不会

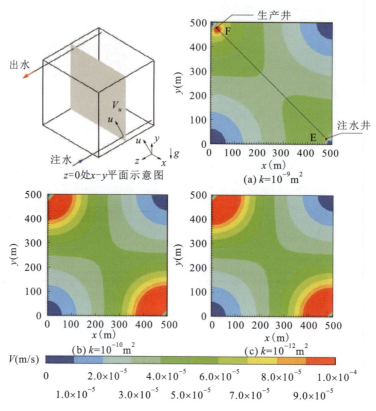

图 6-6　$z=0$ 处，x-y 平面下，算例 1，2，3 在 u 方向速度分布情况

有 z 方向的速度分布，这样更多的流体会趋于选择最短的路径沿 x-y 平面下的 EF 路径流动，且随着渗透率减小，侧向的流体短路发展至接近极限，热储内的流场分布形态几乎不再变化。

6.2.3　采热过程分析

图 6-7 反映了在流体循环采热过程中算例 1，2，3 设置下热储内岩石温度在不同时刻下的演化情况。由图 6-7(a)～(l) 可知，注入井附近的岩体热量被最先开采出，表现为低温蓝色区域，随着采热过程的进行，低温区域逐渐向生产井一侧附近扩展。由于算例 3 中所设置的储层渗透率最小，所以渗流场分布形态最均匀，没有明显的流动短路，所以蓝色显示的低温区域能够稳定平缓地向生产井附近靠近[图 6-7(i)～(l)]，但是随着渗透率增大，渗流场的分布形态有所变化，流体在双井所在的 u-z 平面流动短路现象趋于严重，主要流动区域的岩石热量由于被最先开采，所以在开采初期 $k=10^{-10}\,\mathrm{m}^2$ 的算例 2 表现为注水井末端低温区域的范围大于注水井前端[图 6-7(e)、(f)]，而 $k=10^{-9}\,\mathrm{m}^2$ 的算例 1，则出现前端与末端的低温范围大于中间部分的情况[图 6-7(a)、(b)]。这种不均匀采热，使主要路径上的岩石热量被最先开采，导致流体主要流动路径上的岩石温度下降速度加快，水岩温差的大幅度降低导致注入的低温流体不能被有效加热，所以产流温度也迅速下降，同时流动较慢的区域的

岩石热量不能被有效地采出，也造成了储层开采率低的情况。这里需要注意的是，本书的模拟没有考虑应力场的作用，但是实际 EGS 的生产过程中，由于有热应力的作用，储层的孔隙度与渗透率会随着时间发生变化：被最先带走热量的储层孔隙度与渗透率会随着温度降低而逐渐变大，流体会更加集中在主要短路路径流动，甚至原来的压裂区域中的裂隙也会逐渐开始发生闭合，形成严重的热突破。所以均匀分布储层中的渗流场是提高储层开采率的必要手段。

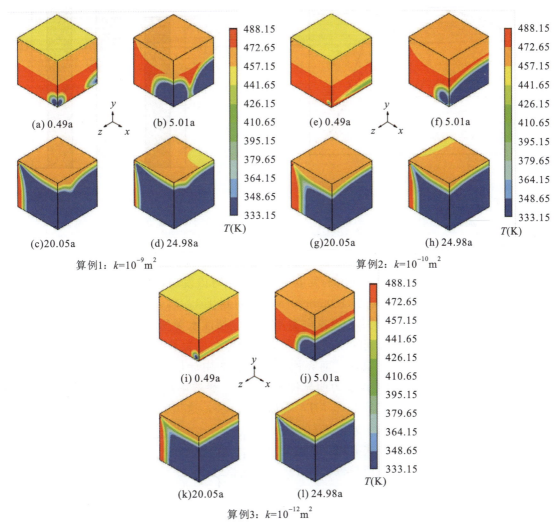

图 6-7 算例 1，2，3 设置下热储内岩石温度在不同时刻下的演化情况

图 6-8 反映了不同渗透率设置下产流温度随时间的变化情况，产流截止温度为 423.15K 或者 393.15K 时，三个算例的运行寿命相差不大，同时与上文所分析的结果一致：渗透率 $k=10^{-9}\mathrm{m}^2$ 的算例 1 由于不均匀的采热，导致产流温度在第 12a 左右就发生下降。但是在开采后期算例 1 的曲线逐渐平缓，这是因为由注水井末端向生产井前段的不均匀渗流会增加流体的流动路径，给予流体更长加热时间，所以产流温度开始平缓下降。由上文渗流场分析所知，因为没有竖井开采方式下由重力所引起的额外基础压差，所以仅降低一个数量级

的渗透率后，热储内 x-y 平面下的渗流场就趋于稳定，流体沿路径 EF 流动的短路现象发展到了极致，流场分布形态几乎不再变化，所以产流温度已经进入一个稳定的变化趋势，继续降低渗透率并不会对产流温度产生很大的变化，所以从图 6-8 中可以看到，渗透率从 $k=10^{-10}\,\mathrm{m}^2$ 到 $k=10^{-12}\,\mathrm{m}^2$，产流温度的变化基本一致，当然也是因为流动路径的增加，所以 $k=10^{-10}\,\mathrm{m}^2$ 的储层寿命略大于 $k=10^{-12}\,\mathrm{m}^2$ 的寿命。

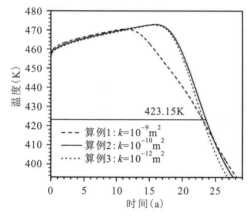

图 6-8 算例 1，2，3 设置下不同渗透率下产流温度随时间的变化情况

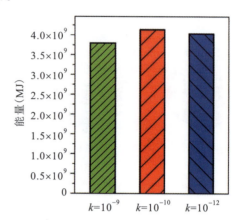

图 6-9 产流截止温度为 423.15K 时不同渗透率设置下寿命期内发电量

考虑到工业上能够用于发电的水温一般在 423.15K 以上，所以图 6-9 反映了 $T_{\mathrm{pro}} \geqslant 423.15\mathrm{K}$ 时算例 1，2，3 在寿命期内的发电量，从图中可以发现，渗透率从 $10^{-12}\,\mathrm{m}^2$ 增大两个数量级到 $10^{-10}\,\mathrm{m}^2$，其发电量由 $4.03\times 10^9\,\mathrm{MJ}$ 提高到 $4.13\times 10^9\,\mathrm{MJ}$，虽然增加了 2.5%，但是考虑到在实际 EGS 的生产中，净发电量不应该包括注水泵所消耗的那部分能量，所以渗透率越小，流体在热储中受到的流动达西阻力也就越大，为了维持流体在储层中的稳定的循环采热，就需要消耗更多的泵功，而算例 2 与算例 3 中储层所设置的渗透率相差了 100 倍，所以算例 2 的 EGS 的净生产能力明显优于算例 3。渗透率从 $10^{-9}\,\mathrm{m}^2$ 到 $10^{-10}\,\mathrm{m}^2$，其发电量由 $3.8\times 10^9\,\mathrm{MJ}$ 提高到 $4.13\times 10^9\,\mathrm{MJ}$，增加了 8.9%，这里需要说明的是，本书采用的水平井布井方式并没有考虑在 z 方向进行错位布置，而采用错位布井的方式能再一次延长流体在储层中的流动路径，但是也增加了流体短路的趋势，所以适当提高储层渗透率是优化 EGS 采热性能的有效方案。

图 6-10 对比了在 $hA_{\mathrm{sf}}=1$，10 的情况下产流温度随时间的演化，由于 hA_{sf} 的值直接反映了流体与岩体之间的换热效率，所以在较大的 hA_{sf} 下，产流温度能达到更高的峰值点，在一定时期内能产出更多的热量，但是随着采热的进行，在流体主要流动路径上的岩石温度下降得很快，所以开采后期产流温度也下降得更快。

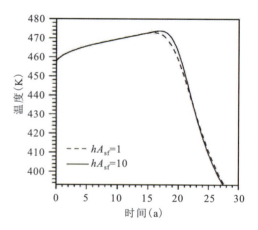

图 6-10 不同 hA_{sf} 下的产流温度随时间的变化

6.2.4 注水流量对采热的影响

图 6-11 反映了不同流速相同渗透率下 EGS 系统的产流温度随时间的变化,从图中可以看到三种流量 (80kg/s,120kg/s,150kg/s) 下的 EGS 产流温度随时间的变化趋势几乎一致。对于三种算例,产流温度下降到 393.15K 所需要的时间随流量的减少而逐渐变长,分别为 27.16a ($q=80$kg/s),19.31a ($q=120$kg/s),15.78a ($q=150$kg/s),也就是说 EGS 的运行寿命随流量的减小能得到延长。这是因为较小的流量,导致流体在储层中的流速分布较低,流体能在储层中滞留更长的时间与周围岩石发生换热,有效延长储层的寿命。

但是,较大注水流量一定时期内是能够提取更多的热能的,所以图 6-11 不能完全反映不同流量对储层提取热能的影响,以及评估不同注水流量下储层的开采潜力,所以本节绘制了图 6-11 与图 6-12,前者反映了不同流量的发电功率变化情况,后者反映了产流截止温度为 423.15K 时,不同注水流量的总发电量情况。

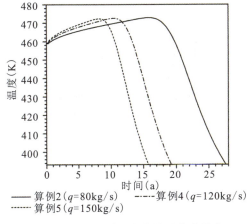

图 6-11 不同注水流量下产流温度随时间的变化

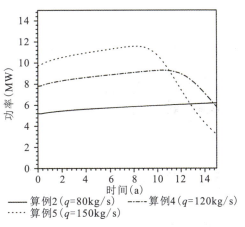

图 6-12 不同注水流量下发电功率随时间的变化

从图 6-12 中发现,在第 8a 以前,算例 5 ($q=150$kg/s) 的发电功率处于上升阶段,处于算例 4 ($q=120$kg/s)、算例 1 ($q=80$kg/s) 的上方,但是在第 8a 以后曲线开始下降,由于过快下降的产流温度,在第 11a 左右,发电功率下降到了 9.3MW,与算例 4 的功率曲线发生了相交,并持续走低,同样的现象发生了算例 4,不过其功率在 14.5a 左右下降到 5.2MW 才开始低于算例 2。而算例 2 的产流温度在 15a 以前一直处于上升阶段,所以能稳定地输出 5.2MW 左右的功率没有发生下降趋势。

从图 6-13 也可以看到,在截止温度为

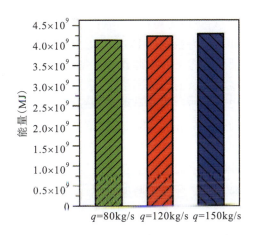

图 6-13 产流截止温度为 423.15K 时不同注水流量在寿命期内发电量

423.15K 时的运行寿命期内,实际上三种算例 1,4,5 总发电量相差不大,分别为:4.13×10^{15}J,4.23×10^{15}J,4.29×10^{15}J。而由于前期较大的发电功率,算例 5 的较大注水流量反而能开采出更多的热能,但是较短的运行寿命不利于 EGS 工程的发展,所以综合考虑,应该选择中间范围的注水流量,即 $q=120$kg/s 的算例 4。

6.3 EGS 水平井平行多裂隙换热过程模拟

上一节系统地研究和分析了在已经形成均匀体积压裂的人工热储中采用水平井开发模式下流体的循环采热过程。但在实际 EGS 工程中,由于现有的压裂技术限制,在天然裂隙节理发育不好的干热岩储层很难形成大规模的体积压裂。而且大量的文献也表明,早期传统竖井开发模式,如芬顿山项目,注入储层中的水的流动主要被单裂隙/断层或者是局部裂隙网络所主导,形成了严重的热短路现象,所以传统的竖井开发模式极大地限制了采热产量和整个系统寿命周期。近年来,油气行业采用了水平井多级压裂的手段来达到增产的目的,并取得了很大的成功。所以有学者提出了在干热岩领域也采用水平井多级压裂的开发模式,即在地下水平井延伸方向上压裂出多条有一定间距并垂直井筒轴向的裂隙布局(图 6-14),以达到提高热能开采产量的目的。此外,该开发模式能保证同一深度下的各级裂隙具有相同地应力和温度场,避免了裂隙间发生严重热短路,能充分有效地开采储层热量。基于上述优

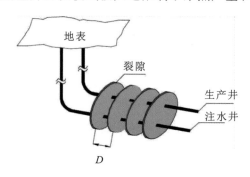

图 6-14 平行多裂隙模型简化示意图

点,以及前人在油气领域所积累的多级压裂技术基础与成功增产经验,所以本节将重点讨论水平井多级激发储层的开发模式下 EGS 的生产潜力,并揭示裂隙内流体流动特征与采热机理,分析储层的开采效率。

6.3.1 数值计算模型及方案设计

针对水力激发的 EGS 人工裂隙储层,早期建立的模型都是基于 Smith 于 1972 年提出的单一裂隙概念,并以此建立了第一代 EGS 储层模型——单裂隙模型。尽管实际工程中,热储主要由复杂的裂隙网络组成,但研究表明,单裂隙模型已经能充分有效捕捉到热储中热开采过程的本质,同时单裂隙模型将曲折的流动路径拉直,更易从机理上分析热流耦合作用。

圆形"penny-shaped"单裂隙模型是根据油气行业理论提出的模型,Zeng 等(2014)基于沙漠峰(Desert Peak)场地资料验证了矩形模型的有效性。而 Cheng 等(2001)提出了竖井模式下的矩形垂直单裂隙模型的解析解,所以本章建立了两种形状的裂隙,以矩形裂隙研究为主,并采用圆形裂隙模型进行对比分析。

6.3.1.1 数值计算模型

1)矩形裂隙模型

借鉴前人的研究基础,本节建立的矩形三维平行多裂隙概念模型如图 6-15 所示,其中图 6-15(a)为三维视角下的概念模型,模型主要分为两个部分:①多孔介质的裂隙区域;

②周围均质各向同性的不渗透岩体。图 6-15(b) 为 x-z 平面下的俯视角。选取一条裂隙及周围岩体单元 [图 6-15(a), (b) 中虚线所选中的区域] 作为研究对象。两条水平井贯穿地下高温岩体储层。高温岩体内均匀分布多条平行相间裂隙，每条裂隙间距为 D，裂隙的长度为 L_1，高度为 L_2。取井筒与裂隙接触部分，即圆柱形侧表面，作为进水与出水口，如图 6-15(a) 局部井筒附图所示。其中图 6-15(b) 中 $z=0$ 处为选取的裂隙剖面，考虑模型对称结构，岩体左右边界面 Side1 和 Side2 设为周期边界面。

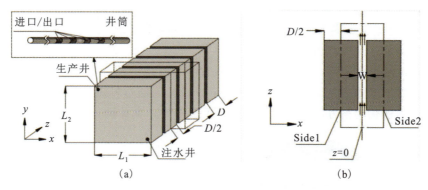

图 6-15 矩形裂隙概念模型
(a) 三维视角平行多裂隙概念模型；(b) 二维视角概念模型俯视图

模型通过 ICEM CFD 生成结构化网格，靠近裂隙区域和进口区域的网格被局部加密。由于裂隙仅在毫米级，所以裂隙区域沿 z 方向等分，每层网格在 z 方向的长度控制在 0.2mm；在岩石（固体）区域，为减少网格数量，采用分段划分网格的方法，沿 z 方向，靠近裂隙区域 8mm 以内，网格间距以 1.1 的比例递增，划分 10 层边界层，8mm 以外的区域网格增长率采用 1.3 的比例增长，最大长度为 2.3m。在 x-y 平面，进口与出口区域采用 O 型剖分 [图 6-16(b)]，同样也采用分段划分网格的方法，靠近进/出口区域 1.6m 以内，x 与 y 方向的网格间距以 1.1 的比例增长，划分 10 层，1.6m 以外的区域则采用 1.2 的比例增长，最大网格长度为 2.5m。具体网格示意图如图 6-16 所示。

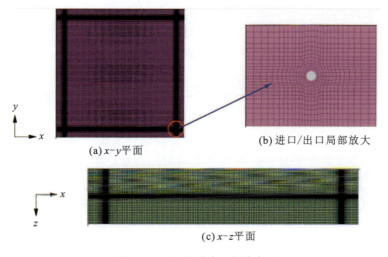

图 6-16 矩形裂隙网格分布图

2)圆形裂隙模型

由于实际压裂出的裂隙以圆形为多,本节建立了圆形三维平行多裂隙概念模型,如图 6-17 所示,选取一条裂隙及周围岩体单元(图中虚线框选区域)作为研究对象。两条水平井贯穿地下高温岩体储层。高温岩体内均匀分布多条平行相间裂隙,每条裂隙间距为 D,裂隙半径为 R。同样取井筒与裂隙

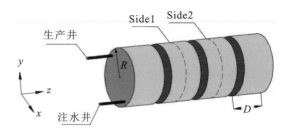

图 6-17 圆形裂隙概念模型

接触部分,即圆柱形侧表面,作为进水与出水口,如图 6-18(a)局部井筒附图所示。考虑模型对称结构,岩体左右边界面 Side1 和 Side2 设为周期边界面。

模型生成结构化网格方法和矩形裂隙网格生成一致,具体网格示意图如图 6-18 所示。

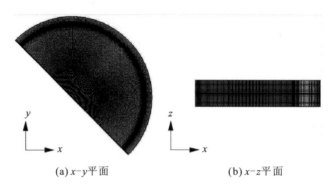

(a) x-y 平面   (b) x-z 平面

图 6-18 圆形裂隙网格分布图

6.3.1.2 方案设计

为简化工程问题,对研究对象作如下假设:

(1) 认为模型周围花岗岩石区域(渗透率 $\leqslant 1 \times 10^{-9} \text{m}^2$)为均质各向同性的不渗透块体,无岩体孔隙流体产出。

(2) 假设裂隙完全开放,并采用多孔介质处理。

(3) 不考虑岩石的热辐射效应,水流和岩石以热对流和热传导形式进行。

(4) 热开采阶段不考虑储层热恢复的效应。

(5) 忽略温压条件变化对系统热物性的影响,即整个开采阶段岩石和水的热传导系数、比热容、密度为常数。

(6) 模拟过程中,裂隙中水流速度均匀,且始终保持液相。

本书模型主要分为两个部分:①多孔介质的裂隙区域;②周围均质各向同性的不渗透岩体。

模型中的裂隙区域采用多孔介质处理,其粗糙裂隙的渗透率由如下方程计算(闫治国等,2006):

$$k = \frac{W^2}{12f} \tag{6-25}$$

式中，k 为裂隙中的渗透率，m^2；W 为裂缝开度，m；f 为 Lomize 粗糙系数。该方程对传统的立方定律进行了修正，其中 f 主要运用在粗糙裂隙流动中，计算公式如下：

$$f = 1 + 17(a/2W)^{1.5} \quad (6-26)$$

式中，a 为特征性起伏高度，取值为 0.014m。同时，假设裂隙完全开放，即孔隙度为 1，并采用 Laminar 模型进行求解。由于孔隙度取值为 1，完全开放的裂隙区域，所以采用了局部非平衡能量方程，具体控制方程见式（6-19）。

目前，增强型地热系统主要用于深层岩体结构，所以高温高压下岩体和水的热物性参数选择参考了相关地质勘探结果，具体见表 6-3。

表 6-3 水及岩体的热物性参数

参数	数值	单位	备注
ρ_s	2650	kg/m³	岩石密度
λ_s	3.49	W/(m·K)	岩石热导率
C_s	920	J/(kg·K)	岩石比热容
ρ_f	900	kg/m³	水的密度
λ_f	0.6069	W/(m·K)	水的热导率
c_f	4181.7	J/(kg·K)	水的比热容
μ	0.3	Pa·s	高温下水的动力黏度
R	0.3	m	井径
W	0.002	m	裂隙开度

为了研究系统运行过程中，在 TH 耦合下裂隙流动特征对采热的影响，本章对模型尺寸以及随尺寸变化的相关参数进行了设置，得到了不同的算例进行对比分析，其具体参数见表 6-4。流体入口设为流量入口，注水温度 T_{inj} 保持常数，出口设为自由流，岩体上下底面边界面设为绝热边界面。整个储层平均温度为 473.15K，分为上表面为 461.15K，下表面为 485.15K，沿 y 方向呈 6K/100m 梯度变化的储层温度分布和全部为 473.15K 的储层温度分布。模拟过程实时监控出口温度，当出口温度达到 393.15K，计算停止。

表 6-4 算例设置

算例	储层温度分布（平均温度 473.15K）	流量 q (kg/s)	裂隙间距 D (m)	裂隙尺寸 (m)	井间距 L (m)
1	呈梯度分布 6K/100m	8	100	$L_1=L_2=400$	495.0
2	473.15K	8	100	$L_1=L_2=400$	495.0
3	473.15K	8	150	$L_1=L_2=400$	495.0
4	呈梯度分布 6K/100m	6	100	$L_1=L_2=400$	495.0
5	呈梯度分布 6K/100m	10	100	$L_1=L_2=400$	495.0
6	呈梯度分布 6K/100m	12	100	$L_1=L_2=400$	495.0
7	呈梯度分布 6K/100m	8	80	$L_1=L_2=400$	495.0
8	呈梯度分布 6K/100m	8	50	$L_1=L_2=400$	495.0
9	473.15K	8	50	$L_1=L_2=400$	495.0
10	473.15K	8	50	$L_1=L_2=500$	636.4
11	473.15K	8	50	$L_1=L_2=600$	777.8
12	473.15K	8	100	$R=275$	500

6.3.2 裂隙流动特征对采热的影响

图 6-19 分别表征算例 4，1，5，6 裂隙中部 $z=0$ 处剖面（x-y 平面）的速度分布情况。为了分析方便在对角分别作点 A、B、O′与 O，并连点 O′与 O 作对角线[图 6-19(a)]，其中进口与出口在 O′O 线上。从图 6-19 可以看出，四个算例的速度在进出口处最大，并均沿两处向中部区域环状递减，同时在 A、B 点周围形成了流动死角（0~0.005m/s）。此外，注水流量越大，图中 x（y）=150~250m 处分布的速度也越大。这是因为流体总会趋于选择最短路径（沿线 O′O）流动，即裂隙内部的流体短路现象，因此流体在裂隙内的流动主要集中在了裂隙中部以及进出口位置。值得注意的是，模拟过程中的裂隙开度始终保持不变，但是在实际工程中由于裂隙中部区域能更快带走热量，导致在热应力的作用下该范围内的裂隙开度会逐年增大，流体短路现象更加严重，而裂隙 A、B 处则会逐年闭合。同时注意到，注水流量越大，流动死角（0~0.005m/s）的范围越小，例如图 6-19(a)~(d)中流动死角的最大环状半径随着流量增大逐渐变小，由图 6-19(a)中的 100m 减小到图 6-19(d)中的 50m，即较大的注水流量有利于扩大流动换热区域，在实际生产中能有效避免裂隙 A、B 处发生闭合。但是过大的注水流量也会引起裂隙中部区域更快带走热量，加快流体短路现象的发生。

注入的冷流体在裂隙内流动过程中会与裂隙面发生对流换热。图 6-20(a)~(h)表征了

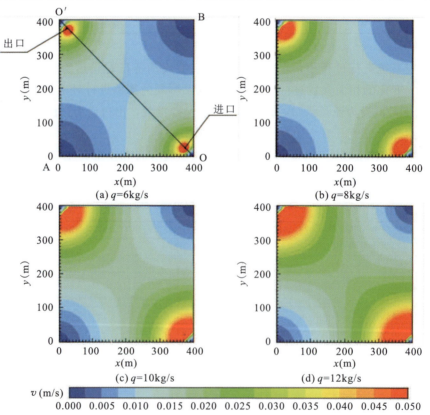

图 6-19 裂隙中 $z=0$ 处剖面（x-y 平面）速度分布

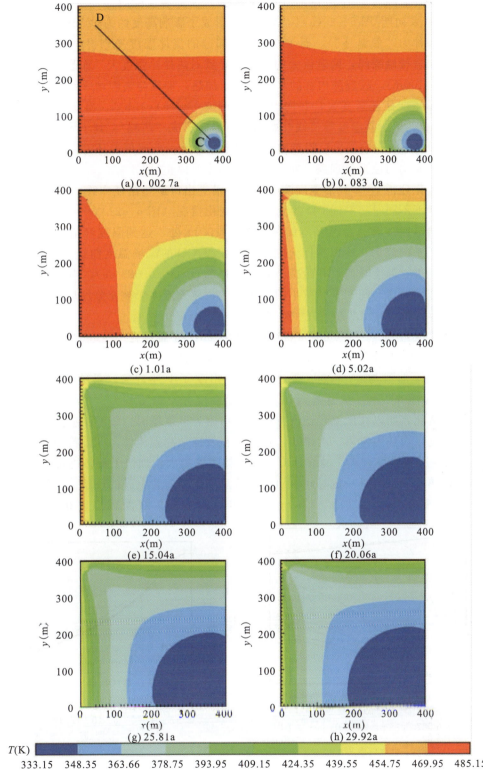

图 6-20 算例 1，不同时刻裂隙 $z=0$ 处剖面（x-y 平面）温度的分布

在算例1设置下,裂隙内$z=0$处剖面(x-y平面)流体温度随时间的变化特征。从图6-20中发现,在开采初期[图6-20(a)],入口附近形成了影响高度约为120m的环形低温冷却区域(后文统一称为"低温环"),而120m以上部分的流体温度场则沿y轴方向呈梯度变化,这是因为水岩接触瞬间,两者巨大的温差会导致对热换热强度大,而裂隙开度远小于岩体厚度(2mm≪100m),故裂隙内部的水能被迅速加热,形成与裂隙面一致的温度。随着采热的推进,低温环半径逐渐变大,并向上扩散[图6-20(a)~(b)]。当低温环半径达到约280m时[图6-20(c)],其温度等值线开始向出口方向形成"凸起"。到了第5.02a时[图6-20(d)],受到低温环的影响,出口附近流场温度开始下降,此时低温环已经蔓延到了整个裂隙剖面,出现了非均匀性采热现象,并一直持续到生产停止[图6-20(e)~(h)]。

为进一步量化分析$z=0$处的温度演化过程,沿进出口最短路径作线CD[图6-20(a)],分析算例1设置下不同时间沿线CD的流场温度变化情况(图6-21)。$t=0.002\,7$a时,冷流体从进口开始迅速被周围高温岩体加热,在$S=0.11$处,达到温度峰值,由于初始时刻岩体温度沿y轴正向降低,所以根据上文分析,沿线CD的流场温度曲线也开始缓慢下降。随着采热继续推进,温度峰值点开始减小并向出口靠近($t=0.083\,0$a),当采热进行到一定程度,受限于流体驻留时间和不断减小的岩体温度,导致流体未被充分加热就被开采出,所以产流温度逐年降低($t=1.01$a至$t=29.92$a)。

从图6-21注意到,$t=0.083\,0$a曲线与$t=0.002\,7$a曲线在$S=0.36$处相交,相交后$t=0.083\,0$a的温度曲线始终在$t=0.002\,7$a曲线上方,越靠近出口两条曲线同一位置处的温差越大。$t=1.01$a曲线与$t=0.083\,0$a的曲线也出现了上述现象,最终出口$S=1$处有:$T_{t=0.002\,7a}<T_{t=0.083\,1a}<T_{t=1.01a}$。这是因为岩体初始温度并不是沿线CD对称分布,而是沿y轴方向呈梯度变化,所以在低温环还没有影响出口附近温度场时,线CD左侧流场温度会高于右侧流场温度,由热力学第二定律知,热量会自发地从高温流体向低温流体转移,所以沿线CD温度发生了小幅度升高。越靠近出口,流体流速越大,加快了流体内部热量转移——高温向低温的热传导,所以一定时间内出口产流温度出现短暂上升的现象。

图6-22表征了算例1,2,3与Cheng等(2001)的垂直单裂隙模型解析解的无量纲量

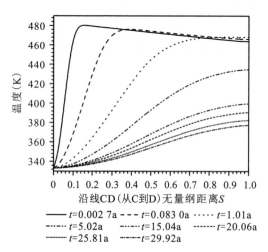

图6-21 算例1设置下不同时间下沿线CD
(如图6-20标注)流体温度演化曲线

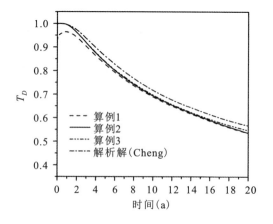

图6-22 算例1,2,3与解析解和竖井
模式下数值解的T_D对比结果

T_D 对比结果。其中,设置的算例 2,3 与解析解的初始岩体温度都不呈梯度变化,而是在 y 轴方向上保持温度一致。由图 6-22 可见,算例 1 的产流温度在第 1a 达到温度峰值后下降,而算例 2,3 与 Cheng 的解析解在第 1a 内都处于温度几乎不变的稳定阶段,说明当初始岩体温度不呈梯度变化时,并不会出现产流温度上升的现象,与前文分析结果一致。此外,算例 2,3 与 Cheng 的解析解曲线基本吻合,使模型的可靠性得到了验证。其中算例 2,3 的产流温度始终低于解析解,这是由于本书算例 1,2 设置的裂隙渗透率 k 与注水流量 q 均大于解析解,而这些参数会减少流体驻留时间,导致冷流体不能被充分加热,同时裂隙间的岩体厚度也会影响产流温度,较小的岩石厚度会出现热穿透现象,所以 $D=300m$ 的曲线高于 $D=100m$ 的曲线,这也说明了垂直单裂隙模型的局限性。此外,解析解采用的是入口设置在裂隙边缘的竖井开采模式,而本书采用的是入口设置在裂隙内部水平井开采模式,相比较于解析解其换热面积较小也不利于冷流体被充分加热。因此,采用正确的几何模型及选择合适的参数对预测 EGS 工程的开采潜能都十分重要。

裂隙内部流体温度场与周围岩体温度场紧密相关,两者相互作用。图 6-23(a)~(f) 为算例 1 设置下不同时间岩体等温度(333.15~393.15K)体积图,为了描述方便在图 6-23(d) 中作 E、F 两点。由于研究范围内高于出口截止温度 393.15K 的地方可以认为是热能未能开采的区域,通过等温度体积图能直接反映出储层开采过程与有效利用情况。开采初期[图 6-23(a)~(c)],333.15~393.15K 温度范围下的体积从进口开始向四周延伸并逐年增大,但

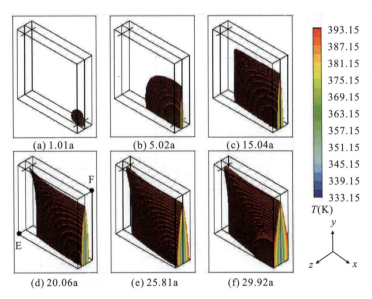

图 6-23 不同时刻下的岩石等温度体积 (333.15~393.15K)

始终未与出口相连。第 20.06a 时[图 6-23(d)],体积开始向出口尖端凸起,且 z 方向的厚度向点 E 与 F 方向逐渐变薄且尖。从 20.06a 到 29.92a[图 6-23(d)~(f)],等温度体积始终保持了图 6-23(d) 的分布特点,仅在 z 方向逐年增厚。由前文裂隙内部流场与温度场分析所知,在入口处水岩温差巨大,对流换热强度大,所以换热显著。流过入口的流体会向整个裂隙面扩散,但由于窜流现象,流体会集中在裂隙中部范围流动,并在较低的流速下被充分加热,所以裂隙中部换热同样明显,而靠近 E、F 的流动死角,虽然更低的流速能使流体

充分滞留加热，但过小的流量（甚至为 0kg/s）还不足以形成明显的换热。由于途经裂隙中部区域的流体已经被充分加热过，所以出口周围水岩温差小且流速快，这些因素都制约了在该处发生显著的水岩换热，从而形成了尖端凸起的体积分布特点。由于热量从温度较高的岩体内部主要沿着 z 方向传导至温度较低的换热边界——裂隙面，所以图 6-23(d)~(f)整体表现为 z 轴方向的体积逐年增厚。显然这种温度分布的特征形成，不利于热储的开采，导致储层利用率低。

6.3.3 注水流量对采热的影响

EGS 性能评价中，产流截止温度常用作生产指标来衡量系统运行寿命。图 6-24 反映了不同注水流量下产流温度 T_{pro} 随开采时间的变化情况。从图中可以看出，算例 4，1，5，6 产流温度变化趋势一致，具有上升与下降两个阶段，并且当以 $T_{pro} \geqslant 423.15K$ 作为生产指标时，流量越小，曲线下降越平缓，系统运行寿命越长，此时算例 4，1，5，6 寿命分别为 21.43a，12.41a，7.98a 和 5.56a，算例 4 与算例 6 的运行寿命相差了 15.87a；当以 $T_{pro} \geqslant 393.15K$ 作为生产指标时，算例 4，1，5，6 寿命分别为 43.94a，29.92a，21.46a 和 15.75a，算例 4 与算例 6 的运行寿命相差了 28.19a。所以随着产流截止温度这一生产指标的降低，算例 4，1，5，6 系统运行寿命的差距逐渐变大。同时注意到，虽然所有算例温度峰值几乎一样，约 468K，但其温度峰值的出现时间随着流量的增大而提前。这是因为注水流量越大，出口附近流速越大，增大了热量转移速度，使出口附近尤其是出口位置更早出现温度场的偏移。

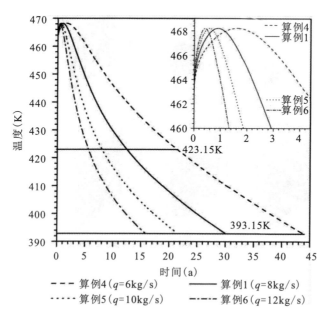

图 6-24 不同流量下产流温度随时间的变化

但是，当以某一指定生产年限作为生产指标时，较大的流量在一定时期能产出更多热量，所以仅从图 6-24 无法直观评价四个算例的优劣。因此本书作出了图 6-25，反映了产流截止温度为 393.15K，即 $T_{pro} \geqslant 393.15K$ 时，不同注水流量对储层开采率的影响。由图

6-25可知,在算例6的系统运行寿命期内,模拟所得的热开采率始终高于算例4,1,5,且在第15a时,算例4的热开采率为7.7%,算例6的热开采率为11.1%,算例6与算例4相比增长了44.2%。但具有更长运行寿命的算例4最终热开采率17.3%,与算例6的11.6%相比增长了49.1%。

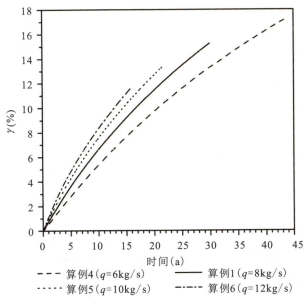

图6-25 产流截止温度为393.15K时不同注水流量对储层开采率的影响

为了解释上述现象,本书取四种算例下开采相同热量($\gamma=9\%$)时的等温度体积图(图6-26)进行对比。$\gamma=9\%$时,具有较大注水流量的算例5($q=10$kg/s),算例6($q=12$kg/s)在333.15~393.15K温度范围下体积延伸到了出口,而算例4($q=6$kg/s)与算例1($q=8$kg/s)则没有出现这种变化。根据前面章节裂隙剖面流场分布的讨论分析,这是因

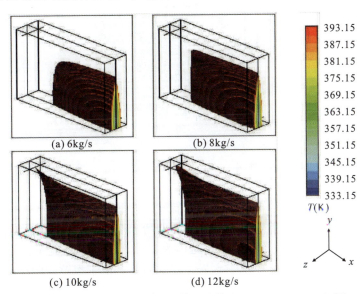

图6-26 开采效率为9%时的等温度体积(333.15~393.15K)

为在较大的注水流量下,会有更多的流体集中在裂隙中部流动,造成了换热区域集中。且裂隙中的流体流速越慢,流体在某一区域滞留的时间也会更长,这样就能够充分地与周围岩石发生换热。所以开采相同热量时,算例 5 与 6 的低温温度场更早分布到了出口附近。最终,当算例 6 的热储开采到 13.3%时,其出口温度已经达到了 393.15K,而算例 4($q=6$kg/s)却持续开采到了 $\gamma=15.2$%,表现出更高的储层开采率(图 6-25)。所以综上所述,并不是流量越大或者越小,开采方案越优,应综合考虑开采率与系统运行寿命两个指标来优选开采方案,选择最佳注水流量。

6.3.4 裂隙间距对采热的影响

裂隙间距内的岩石厚度制约着整个储层的寿命,在注水流量和温度一定的情况下,不同厚度岩石内温度场随时间的演化会不同。图 6-27 反映了不同裂隙间距开采到第 15a 时双井所在的 u-z 平面下的岩石温度场。观察图 6-27,注意到裂隙间距 $D=50$m 的算例 8 进口周围的岩石热能已经得到了充分的开采,显示为大面积的低温区域(云图显示为深色),由于较低的水岩温差,此时该范围内的岩石不能再提供充足的热量加热注入的冷水,即 50m 间距下该区域的岩石发生了热穿透现象,即低温范围在 333.15~393.15K 温度已经扩散到了边界处,同时热穿透现象从进口开始向上扩散。随着裂隙间距的增大,低温区域的面积逐渐缩小。这是因为当裂隙开度与注水流量相同时,产流温度主要由流体与岩石温差决定,但随着热开采推进,岩石内部的热量会被不断采出,所以裂隙间距越小,越早出现热穿透现象,但足够大的岩石厚度可以提供冷流体充足的热量,不易发生严重的热穿透现象。

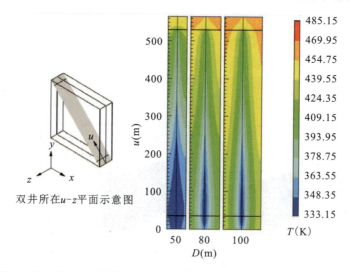

图 6-27 第 15a 时算例 1,7,8 双井所在的 u-z 平面下岩石温度场

图 6-28 反映了不同裂隙间距下产流温度随时间的变化。由图 6-28 的产流温度变化曲线可知,在不同产流截止温度下,随着裂隙间距的增大系统的运行寿命均逐渐增加,其中当 $T_{pro} \geq 393.15$K 时,寿命增加最为明显。这是因为裂隙开度和注水流量一定时,裂隙内的流场分布基本一致,产出温度主要决定于水岩之间的温差,由于裂隙间距越小,岩体内初始的热量越少,越容易形成热穿透现象,导致产流温度加速下降,最终降低系统运行寿命。

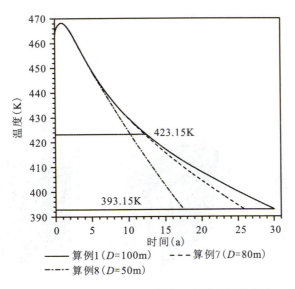

图 6-28 不同裂隙间距产流温度随时间的变化

但是过大的间距会使岩芯内部热量无法得到有效开采,所以应同时结合开采率来分析(图 6-29),可以发现在 $T_{pro} \geqslant 393.15K$ 的寿命期内,算例 8($D=50m$)最终储层开采率为 19.47%,与算例 1($D=100m$)的 15.25%,增长了 27.7%。所以间距越小,开采率越高,能够充分开采出岩芯内部热量,反之间距越大,岩石内部整体温度场受影响的区域越小,岩芯内部热量无法得到有效开采,开采率降低。

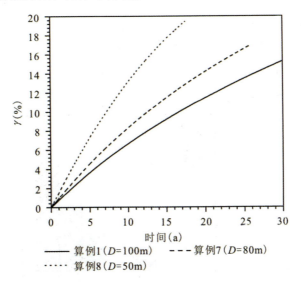

图 6-29 产流截止温度为 393.15K 时不同裂隙间距对储层开采率的影响

图 6-30 反映了产流截止温度为 423.15K 时岩石等温度体积(333.15~423.15K),当 $T_{pro}=423.15K$ 时,$D=50m$ 与 $D=80m$ 的算例低温场(333.15~423.15K)在进口附近已经贯穿了裂隙间的岩石,即发生了热穿透现象,而 $D=100m$ 的算例 1 则没有发生低温场的

贯穿，也就是说算例1中靠近进口附近的岩石仍然有充足的热量提供冷流体加热。此时影响算例7与8系统寿命决定因素为裂隙间距，厚度越小，热穿透现象越严重，加速寿命的降低。当厚度较大，例如算例1，影响寿命的决定因素则变为了裂隙中的窜流现象，由于这种窜流短路性的流动特征，导致在足够的裂隙间距下，其内部的热量并没有被充分有效开采，导致了储层的开采浪费。

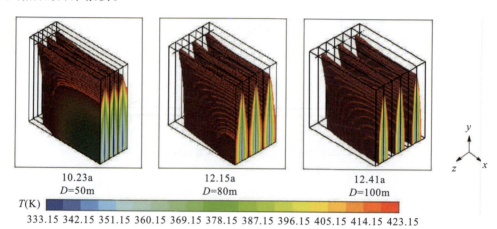

图6-30　不同裂隙间距情况下产流截止温度为423.15K时岩石等温度体积（333.15～423.15K）

为了能够综合评价不同间距下储层开采潜力，即发电量，取研究区域储层总长度 S_l 为400m与800m分别来评估，其中裂隙数目以 $n=S_l/(D-1)$ 来计算，其中 D 为裂隙间距，n 为裂隙数目，同时考虑到工业上能够用于发电的水温一般在423.15K以上，所以图6-31反映了 $T_{pro} \geqslant 423.15K$ 时不同储层长度下算例1，7，8在寿命期内的发电量，其计算公式参考第2章。由图6-31可知，当 $L=400m$ 时，算例8在寿命期内的发电量比算例7增长了34.6%，即 3.49×10^8 MJ 能量，比算例1增长了50.2%，即 5.07×10^8 MJ 能量。而随着储层范围变大，这种差距更加明显，又由前文有关开采效率的分析，在不考虑工程运行服务时

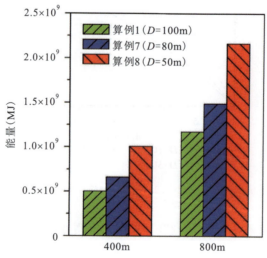

图6-31　产流截止温度为423.15K时不同裂隙间距寿命期内发电量

间的情况下,理应选择较小的压裂间距,可从储层提取更多的热量。

6.3.5 井间距(裂隙尺寸)对采热的影响

在增强型地热系统中,注入井与生产井在地下间距不宜过小,一般工程上取400~1000m为宜,地面井间距因为发电工程的建设也不宜过大。此外,地下井间距的合适选取与热储层激发程度紧密相关,较好的激发热储层,能够创造出更好的裂隙网络,热储层的热开采过程就是冷流体在裂隙网络中流动及与高温岩体的对流换热过程,因此布置较长的井间距能有效增加流体与岩石的换热路径与换热面积。所以本节将重点讨论不同井间距下,即激发出的不同裂隙尺寸下对采热的影响。

图6-32反映了算例9,10,11设置下$z=0$处的裂隙剖面速度分布,由速度分布了解到井间距越大,裂隙尺寸越大,裂隙中$v>0.05\text{m/s}$区域面积越大,也就是说流体具有更大的换热面积。同时图中裂隙中部区域代表速度大小的颜色随着裂隙尺寸的变大而逐步加深,在$L=495.0\text{m}$的算例9中分布的速度为$0.0125\sim0.015\text{m/s}$,在$L=777.8\text{m}$的算例11中分布的速度为$0.005\sim0.0075\text{m/s}$,即该区域分布的速度随着井间距(裂隙尺寸)增大逐渐减小,而这种现象是有利于流体在该区域充分滞留并被加热的。

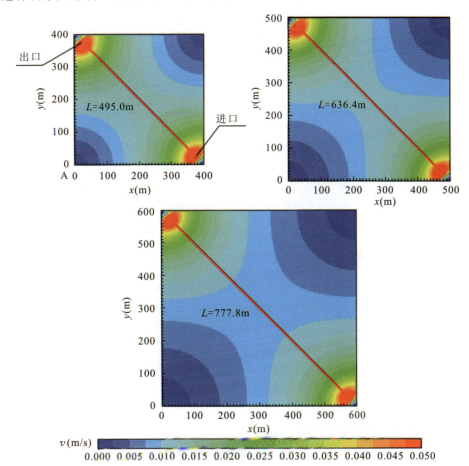

图6-32 算例9,10,11设置下裂隙中$z=0$处剖面($x\text{-}y$平面)速度分布

图 6-33 反映了不同井间距（裂隙尺寸）下产流温度随时间变化情况。由图可知，随着井间距增加，在相同开采时间下流体热采出温度不断升高，当井间距为 777.8m 时，在 $T_{pro} \geqslant 423.15K$ 情况下系统持续运行 30a 都能够保持较高的出产水温用于发电。同时，随着井间距的增加，不同产流截止温度下系统的运行寿命也在不断延长，在 $T_{pro} \geqslant 393.15K$ 下，当井间距为 495.0m 时，系统仅运行了 17a，而井间距为 777.8m 时，系统运行了 41a，其运行寿命增加了约 1.5 倍。这是因为两井间距越大，裂隙尺寸越大，换热面积越大，这样流体在较大的换热面积下能够与岩石充分接触发生热交换，同时由图 6-33 所分析的速度分布可知，较大的裂隙尺寸会降低裂隙中部区域的流速，使流体在该区域滞留更长的时间，同时再加上较长流动路径也保证了足够的加热时间，所以才能大幅度地提高热储的运行寿命。

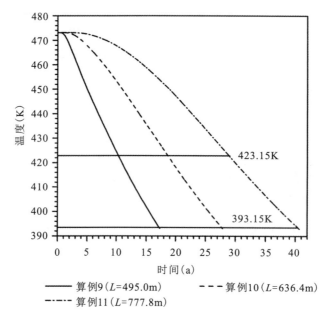

图 6-33 不同井间距（裂隙尺寸）下产流温度随时间的变化

6.3.6 裂隙形状对采热的影响

相对于矩形裂隙，圆形裂隙更加符合实际压裂出的裂隙形状特点。图 6-34 反映了在算例 12 设置下圆形裂隙 $z=0$ 处剖面（x-y 平面）速度分布图 6-34（a）以及不同时刻的温度场分布[图 6-34(b)～(i)]。从图 6-34（a）可知，圆形裂隙的速度场同样呈现对称分布，主要速度（$v \geqslant 0.005$m/s）依旧集中在裂隙中部，遵循由进口到出口的最短流动路径特征。针对采用能有效增加流动路径的对角布井，圆形裂隙相较于矩形裂隙具有更加对称的弧形裂隙形状，所以区别于由于较强边界约束而限制了流体流动的矩形裂隙，流体在圆形裂隙中的分布更加均匀且没有出现严重的流动死角区域（$v<0.0025$m/s）。所以从图 6-34(b)～(i) 可以看到，不同时刻的裂隙面的温度场变化过程相比较于矩形裂隙变化更加均匀。在开采初期[图 6-34(b)、(c)]，水岩接触瞬间巨大的温差使裂隙内部的水被迅速加热，形成与裂隙面保持一致的高温，而入口附近首先出现了低温环。随着采热过程的推进，低温环向上扩散且半径逐渐变大[图 6-34(d)]，但区别于受到裂隙边界影响严重的矩形裂隙，具有更大有效流

动区域的圆形裂隙,使流体能够充分地在裂隙中展布流动,并与周围岩石发生换热,所以这种均匀性采热使温度等值线没有明显出现矩形裂隙中的"凸起"现象,且逐年平滑,并一直持续到生产停止[图6-34(e)~(i)]。

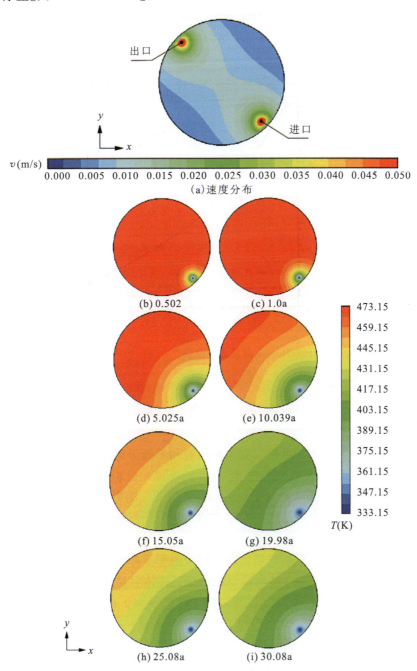

图6-34 算例12设置下圆形裂缝 $z=0$ 处剖面(x-y)速度分布
(a) 圆形裂隙 $z=0$ 处剖面(x-y平面)速度分布;(b)~(i) 不同时刻圆形裂隙 $z=0$ 处剖面(x-y平面)温度的分布

图 6-35 反映了在相同流量和裂隙间距下，圆形裂隙与矩形裂隙产流温度在 20a 内的变化情况。虽然矩形裂隙和圆形裂隙的井间距相差不大（矩形裂隙 $L=495\mathrm{m}$，圆形裂隙 $L=500\mathrm{m}$），但是产流温度的变化很大，开采到第 5a 时，圆形裂隙的产流温度才开始下降，第 20a 时，其产流温度依旧保持高温 448K，而矩形裂隙的产流温度在第 20a 时却迅速下降到了 408K，相差了 40K。所以不同的裂隙形状对采热生产影响很大，选择合理裂隙形状的模型对预测储层开采潜力也十分重要。

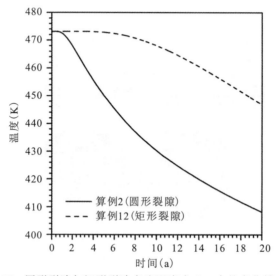

图 6-35　圆形裂隙与矩形裂隙产流温度在 20a 内的变化情况对比

6.4　本章小结

本章基于水平井开发模式，对能形成体积压裂和不能形成体积压裂的干热岩储层分别采用了连续介质模型和平行多裂隙模型进行了数值模拟，分析了两种水平井开发模式下的 EGS 的采热过程，研究了相关参数对干热岩热能提取效果的影响。

基于水平井开发模式，采用了连续介质模型对均匀压裂的干热岩储层进行了数值模拟得到了如下主要结论。

（1）结合动量方程分析了干热岩热储在不同渗透率下渗流场分布形态不同的原因。较大的渗透率（例如 $k=10^{-9}\mathrm{m}^2$）下，储层达西阻力小，流体容易在深度方向形成流动短路，并随着渗透率减小；当降低到 $k=10^{-12}\mathrm{m}^2$ 时，流动短路受到了抑制，但是侧面短路发展到了极致。

（2）适当增大储层渗透率有助于提高储层开采性能。在均匀压裂的储层中，较小的渗透率（例如 $k=10^{-12}\mathrm{m}^2$）能够有助于提高储层开采率，但是相对减小了流体在深度方向上的由于流动短路延长的流动路径，而适当的流动短路延长了流体加热时间，从而有助于提高 EGS 的开采性能。并基于该现象提出了错位对角布井的手段，有助于提高水平井采热性能。

（3）当渗透率下降到一定程度时，产流温度曲线不再发生明显变化。在人工热储有效渗透率小于 $10^{-10}\mathrm{m}^2$ 时，虽然渗流场的分布形态仍然不同，但是 EGS 产流温度曲线已不再随渗透率变化发生较大的改变。

(4) 综合考虑系统寿命与发电功率设计开采方案。在均匀压裂的储层中，注水流量大（例如 $q=150\mathrm{kg/s}$）在一定时间内能开采出更多的热能，8a 内能够稳定输出 9.2MW 以上的电能，但是较短的运行寿命不利于 EGS 工程的发展，注水流量小（例如 $q=80\mathrm{kg/s}$）时虽然系统的运行寿命长，但是发电功率小，仅有 5.2MW 左右，所以综合考虑选择 120kg/s 的注水流量，能持续提供 423.15K 的高温产流 16.2a，同时维持 12a 稳定输出 8MW 的电能。

此外，在天然节理裂隙不发育，不能形成均匀压裂的干热岩热储中，主要靠人工水力激发的新裂隙进行干热岩开采，基于本书提出依据水平井多级压裂方式进行热能开采，并建立了新的三维平行多裂隙模型，针对三维平行多裂隙模型进行了数值模拟研究，得到如下结论：

(1) 裂隙内部的流动短路现象降低了储层开采率。裂隙中的流体主要集中在局部区域流动，形成了明显的流动短路现象，导致裂隙内换热区域的集中，在出口以及流动死角处形成换热死角，不能有效开采该处热能，降低储层的开采率。此外，注水流量越大，裂隙中分布的速度越大，流体在裂隙内较短的滞留时间导致不能被充分加热，也会造成产流温度更快下降，最终降低储层的开采率。

(2) 裂隙间距对流体产出温度及热开采率影响显著。在相同注水流量下：①裂隙间距越大，决定系统寿命的主要影响因素为裂隙内部流体的流动短路，所以不易形成热穿透现象，系统具有更长的运行寿命，但开采率低；②裂隙间距越小，容易形成热穿透现象，系统运行寿命短，但开采率高，并且在不考虑系统所需要的服务年限下，裂隙间距越小，相同储层范围内存在的压裂级数越多，能开采更多的热能。

(3) 井间距对产出温度及热储层寿命呈正相关。相同注水流量下，延长采热通道，增大换热面积，更加均匀分布的渗流场都能够使流体在裂隙中充分滞留加热，提高采热温度。

(4) 采用正确的几何模型对预测 EGS 工程的开采潜能十分重要。圆形裂隙模型由于没有裂隙边界的影响效应，相比较于矩形裂隙，其内部流场分布更均匀，具有更大的换热面积，开采到第 20a，产流温度仍保持在 450K 的高温，而矩形裂隙模型的产流温度下降到了 410K。

主要参考文献

白兰兰,陈建生,王新建,等,2007.裂隙岩体热流模型研究[J].人民黄河,29(5):61-63.
陈杰,张挺,杜奕,2020.基于自适应深度迁移学习的多孔介质重构[J].计算机应用,40(4):1231-1236.
陈乃明,史震古,1995.岩石节理形貌的分形维数与摩擦角的关系研究探讨[J].江西水利科技,21(4):209-212.
陈世江,朱万成,刘树新,等,2015.岩体结构面粗糙度各向异性特征及尺寸效应分析[J].岩石力学与工程学报,34(1):57-66.
陈振鸣,武旭,王宏伟,等,2016.高温条件下花岗岩导热特性研究[J].科学技术与工程,16(24):193-197.
杜时贵,唐辉明,1993.岩体断裂粗糙度系数的各向异性研究[J].工程地质学报,1(2):32-42.
冯昌格,刘绍文,王良书,等,2009.塔里木盆地现今地热特征[J].地球物理学报,52(11):2752-2762.
冯夏庭,王泳嘉,1999.岩石节理力学参数的非线性估计[J].岩土工程学报,21(3):12-16.
付亚荣,李明磊,王树义,等,2018.干热岩勘探开发现状及前景[J].石油钻采工艺,40(4):526-540.
葛世荣,索双富,1997.表面轮廓分形维数计算方法的研究[J].摩擦学学报,17(4):354-362.
郭保华,2011.岩石裂隙面粗糙度参数关系分析[J].采矿与安全工程学报,28(2):241-246.
国家能源局,2018.地热能术语:NB/T 10097—2018[S].北京:中国石化出版社.
贺凯,2018.二氧化碳开发干热岩技术展望[J].现代化工,38(6):56-58+60.
贺玉龙,赵文,张光明,2013.温度对花岗岩和砂岩热导率影响的试验研究[J].中国测试,39(1):114-116.
姜光政,高堋,饶松,等,2016.中国大陆地区大地热流数据汇编(第四版)[J].地球物理学报,59(8):2892-2910.
李德威,王焰新,2015.干热岩地热能研究与开发的若干重大问题[J].地球科学(中国地质大学学报),40(11):1858-1869.
李化,黄润秋,2014.岩石结构面粗糙度系数JRC定量确定方法研究[J].岩石力学与工程学报,33(S2):3489-3497.
李树荣,高峰,廖孟柯,等,2006.岩石粗糙节理剪切强度的分形分析[J].煤炭科学技术,34(11):64-66.
李腾风,王志良,申林方,等,2019.基于格子Boltzmann方法非饱和土体水热耦合模型研究[J].工程力学,36(9):154-160+196.
李正伟,张延军,张驰,等,2018.花岗岩单裂隙渗流传热特性试验[J].岩土力学,39(9):3261-3269.
刘咏,钱家忠,赵卫东,2005.窄缝裂隙水流雷诺数的实验研究[C]//第七届全国水动力学学术会议暨第十九届全国水动力学研讨会论文集.北京:中国力学学会:475-480.
龙驭球,刘光栋,唐景春,2001.中国土木建筑百科辞典:工程力学[M].北京:中国建筑工业出版社.
陆川,王贵玲,2015.干热岩研究现状与展望[J].科技导报,33(19):13-21.
邱一平,林卓英,2006.花岗岩样品高温后损伤的试验研究[J].岩土力学,27(6):1005-1010.
渠成堃,周辉,任振群,等,2017.热固耦合下裂隙产状对热导率影响的模拟分析[J].沈阳工业大学学报,39(2):219-224.
石林,葛云峰,吴崎伟,等,2018.3D岩体结构面粗糙度表征方法[J].地质科技情报,37(2):229-232,240.
宋磊博,江权,李元辉,等,2017.不同采样间隔下结构面形貌特征和各向异性特征的统计参数稳定性研究[J].岩土力学,38(4):1121-1132.
宋磊博,江权,李元辉,等,2017.不同点云数据采样间隔下岩石自然结构面形貌特征和各向异性特征的统计参数稳定性研究[J].岩土力学,38(4):1-13.
孙辅庭,佘成学,万利台,2013.新的岩石节理粗糙度指标研究[J].岩石力学与工程学报,32(12):2513-2519.
孙健,2012.裂隙岩体热-水-力三场耦合米级尺度模型试验及数值模拟研究[D].北京:北京交通大学.
佟伟,穆治国,刘时彬,1990.中国晚新生代火山和现代高温水热系统[J].地球物理学报,33(3):329-335.
汪集暘,胡圣标,庞忠和,等,2012.中国大陆干热岩地热资源潜力评估[J].科技导报,30(32):25-31.
王贵玲,刘彦广,朱喜,等,2020.中国地热资源现状及发展趋势[J].地学前缘,27(1):1-9.
王贵玲,张薇,梁继运,等,2017.中国地热资源潜力评价[J].地球学报,38(4):449-450,134,451-459.
王铁,2016.土壤源热泵系统地下热渗耦合传热特性的实验研究[D].大连:大连理工大学.
王志良,申林方,徐则民,等,2016.岩体裂隙面粗糙度对其渗流特性的影响研究[J].岩土工程学报,38(7):1262-1268.
夏才初,孙宗颀,1996.不同形貌节理的剪切强度和闭合变形研究[J].水利学报,(11):28-32.
夏才初,孙宗颀,任自民,等,1993.岩石结构面表面形貌的现场测量及分级[J].中国有色金属学报,3(4):6-10.
肖鹏,窦斌,田红,等,2018.开采海洋区域干热岩的可行性探讨[J].海洋地质前沿,34(8):55-60.
肖鹏,闫飞飞,窦斌,等,2019.增强型地热系统水平井平行多裂隙换热过程数值模拟[J].可再生能源,37(7):1091-1099.
肖旸,2013.煤田火区煤岩体裂隙渗流的热-流-固多场耦合力学特性研究[D].西安:西安科技大学.
谢和平,1995.岩石节理的分形描述[J].岩土工程学报,17(1):18-23.
谢卫红,钟卫平,卢爱红,等,2004.岩石分形节理的强度和变形特性研究[J].西安科技大学学报,24(1):31-33.
徐磊,任青文,叶志才,等,2008.岩体结构面三维表面形貌的尺寸效应研究[J].武汉理工大学学报,30(4):113-115.
徐义洪,2009.渗流作用下深部矿场采动围岩的传热机理研究[D].阜新:辽宁工程技术大学.
许国良,朱一萍,方林,等,2019.密封界面微孔结构的三维分形重构技术与泄漏特性[J].计算物理,36(4):440-448.
许天福,胡子旭,李胜涛,等,2018.增强型地热系统:国际研究进展与我国研究现状[J].地质学报,92(9):1936-1947.
许天福,袁益龙,姜振蛟,等,2016.干热岩资源和增强型地热工程:国际经验和我国展望[J].吉林大学学报(地球科学版),46(4):1139-1152.
许天福,张延军,曾昭发,等,2012.增强型地热系统(干热岩)开发技术进展[J].科技导报,30(32):42-45.
闫治国,朱合华,邓涛,等,2006.三种岩石高温后纵波波速特性的试验研究[J].岩土工程学报,28(11):2010-2014.
杨建锋,王尧,马腾,等,2019.美国干热岩地热资源勘查开发现状、战略与启示[J].国土资源情报,(6):8-14,56.
佚名,2019.青海共和干热岩科技攻坚项目正式启动[J].地质装备,20(5):4-6.
郁伯铭,2003.多孔介质输运性质的分形分析研究进展[J].力学进展,33(3):333-346.
曾玉超,苏正,吴能友,等,2012.增强型地热系统储层试验与性能特征研究进展[J].矿业研究与开发,32(3):22-27,63.
张驰,2017.干热岩单裂隙渗流-传热实验与数值模拟研究[D].长春:吉林大学.
张盛生,张磊,田成成,等,2019.青海共和盆地干热岩赋存地质特征及开发潜力[J].地质力学学报,25(4):501-508.
张树光,李永靖,2014.裂隙岩体的流固耦合传热机理及其应用[M].沈阳:东北大学出版社.
张所邦,宋鸿,陈兵,等,2017.中国干热岩开发与钻井关键技术[J].资源环境与工程,31(2):202-207.

张万鹏,2012.用近接型相似微小地震对判明干热岩热储层主要裂隙方位的研究[D].焦作:河南理工大学.

张亚衡,周宏伟,谢和平,2005.粗糙表面分形维数估算的改进立方体覆盖法[J].岩石力学与工程学报,24(17):3192-3196.

赵玥,刘雷,韩巧玲,等,2018.基于CT图像的土壤孔隙结构重构[J].农业机械学报,49(S1):401-406.

郑敏,2007.全球地热资源分布与开发利用[J].国土资源(2):56-57.

郑鑫,郭春,徐建峰,等,2018.单裂隙岩体的热流固耦合数值模拟与分析[J].现代隧道技术,55(S2):1263-1268.

周宏伟,谢和平,1999.岩石节理张开度的分形描述[J].水文地质工程地质(1):1-4.

周宏伟,谢和平,KWASNIEWSKI M A,2000.粗糙表面分维计算的立方体覆盖法[J].摩擦学学报,20(6):455-459.

朱桥,张加蓉,周宇彬,2019.干热岩开发及发电技术应用概述[J].中外能源,24(9):19-27.

朱纹汶,2017.可再生能源——地热能的应用探讨[J].中氮肥(4):78-80.

庄庆祥,2017.干热岩地热能资源开发潜力、效益分析和开发规划的依据探讨[J].能源与环境(2):2-3.

ABBOTT E J,FIRESTONE F A,1933. Specifying surface quality—A method based on accurate measurement and comparison[J]. Journal of Mechanical Engineering,55:569-572.

ABDULAGATOVA Z,ABDULAGATOV I M,EMIROV V N,2009. Effect of temperature and pressure on the thermal conductivity of sandstone[J]. International Journal of Rock Mechanics and Mining Sciences,46(6):1055-1071.

ADLER P M,1985. Transport processes in fractals . 1. Conductivity and permeability of a leibniz packing in the lubrication limit[J]. International Journal of Multiphase Flow,11(1):91-108.

ADLER P M,1985. Transport processes in fractals . 2. Stokes-flow in fractal capillary networks[J]. International Journal of Multiphase Flow,11(2):213-239.

ADLER P M,1985. Transport processes in fractals . 3. Taylor dispersion in 2 examples of fractal capillary networks[J]. International Journal of Multiphase Flow,11(2):241-254.

ADLER P M,1985. Transport processes in fractals . 4. Nonlinear flow problems in fractal capillary networks[J]. International Journal of Multiphase Flow,11(6):853-871.

ADLER P M,1986. Transport processes in fractals . 6. Stokes-flow through sierpinski carpets[J]. Physics of Fluids,29(1):15-22.

ADLER P M,1996. Transports in fractal porous media[J]. Journal of Hydrology,187(1-2):195-213.

ADLER P M,THOVERT J F,1993. Fractal porous-media[J]. Transport in Porous Media,13(1):41-78.

ASAI P,PANJA P,MCLENNAN J,et al.,2019. Effect of different flow schemes on heat recovery from Enhanced Geothermal Systems (EGS)[J]. Energy,175:667-676.

BARTON N,1973. Review of a new shear-strength criterion for rock joints[J]. Engineering Geology,7(4):287-332.

BARTON N,CHOUBEY V,1978. The shear strength of rock joints in theory and practice[J]. Rock Mechanics Felsmechanik Mécanique des Roches,10(1-2):1-54.

BENOIT B M,1985. Self-affine fractals and fractal dimension[J]. Physica Scripta,32(4):257-260.

BERRY M V,LEWIS Z V,1980. On the Weierstrass-Mandelbrot fractal function[J]. Proceedings of the Royal Society of London A. Mathematical and Physical Sciences,370(1743):459-484.

BROWN D,DUTEAUX R,KRUGER P,et al,1999. Fluid circulation and heat extraction from engineered geothermal reservoirs[J]. Geothermics,28(4):553-572.

CHENG H D,GHASSEMI,A,DETOURNAY E,2001. Integral equation solution of heat extraction from a fracture in hot dry rock[J]. International Journal for Numerical and Analytical Methods in Geomechanics,25

(13):1327-1338.

EKNELIGODA T C,MIN K B,2014. Determination of optimum parameters of doublet system in a horizontally fractured geothermal reservoir[J]. Renewable Energy,65:152-160.

FARDIN N,STEPHANSSON O,JING L,2001. The scale dependence of rock joint surface roughness[J]. International Journal of Rock Mechanics and Mining Sciences,38(5):659-669.

FEDER J,1988. Fractal[M]. New York:Plenum Press.

FRAN C,SCHULZE M,2016. Determination of thermal rock properties of Mesozoic sandstones[J]. Grundwasser,21(1):47-58.

GENG J S,SUN Q,ZHANG Y C,et al,2018. Temperature dependence of the thermal diffusivity of sandstone[J]. Journal of Petroleum Science and Engineering,164:110-116.

GHANBARIAN B,DAIGLE H,2016. Thermal conductivity in porous media:Percolation-based effective-medium approximation[J]. Water Resources Research,52(1):295-314.

GILBERT F J,ADLER P M,1986. Transport processes in fractals. 7. Rotation tensor of fractal suspensions[J]. Journal of Colloid and Interface Science,114(1):243-255.

GRASSELLI G,WIRTH J,EGGER P,2002. Quantitative three-dimensional description of a rough surface and parameter evolution with shearing[J]. International Journal of Rock Mechanics and Mining Sciences,39(6):789-800.

GUO P Y,ZHANG N,HE M C,et al,2017. Effect of water saturation and temperature in the range of 193 to 373K on the thermal conductivity of sandstone[J]. Tectonophysics,699:121-128.

HE R,RONG G,TAN J,et al,2019. Numerical investigation of fracture morphology effect on heat transfer characteristics of water flow through a single fracture[J]. Geothermics,82:51-62.

HINTON G E,SALAKHUTDINOV R R,2006. Reducing the dimensionality of data with neural networks[J]. Science,313(5786):504-507.

HOFMANN H,BABADAGLI T,ZIMMERMANN G,2014. Hot water generation for oil sands processing from enhanced geothermal systems:Process simulation for different hydraulic fracturing scenarios[J]. Applied Energy,113:524-547.

HOU J C,CAO M C,LIU P K,2018. Development and utilization of geothermal energy in China:Current practices and future strategies[J]. Renewable Energy,125:401-412.

HONG TIAN,THOMAS KEMPKA,NENG-XIONG XU,2012. Physical Properties of Sandstones After High Temperature Treatment[J]. Rock Mechanics and Rock Engineering,45(6):1113-1117.

HOYER A S,VIGNOLI G,HANSEN T M,et al,2017. Multiple-point statistical simulation for hydrogeological models:3-D training image development and conditioning strategies[J]. Hydrology and Earth System Sciences,21(12):6069-6089.

HUANG Y,ZHANG Y,YU Z,et al,2019. Experimental investigation of seepage and heat transfer in rough fractures for enhanced geothermal systems[J]. Renewable Energy,135:846-855.

HÄNCHEN M,BRÜCKNER S,STEINFELD A,2011. High-temperature thermal storage using a packed bed of rocks,heat transfer analysis and experimental validation[J]. Applied Thermal Engineering,31(10):1798-1806.

JIANG F,LUO L,CHEN J,2013. A novel three-dimensional transient model for subsurface heat exchange in enhanced geothermal systems[J]. International Communications in Heat and Mass Transfer,41:57-62.

JIANG P,ZHANG L,XU R,2017. Experimental study of convective heat transfer of carbon dioxide at supercritical pressures in a horizontal rock fracture and its application to enhanced geothermal systems[J]. Applied Thermal Engineering,117:39-49.

JIANG Y, LEI Y, LIU J, 2019. Economic impacts of the geothermal industry in Beijing, China: An input - output approach[J]. Mathematical Geosciences, 51(3):353 - 372.

KOHL T, EVANSI K F, HOPKIRK R J, et al, 1995. Coupled hydraulic, thermal and mechanical considerations for the simulation of hot dry rock reservoirs[J]. Geothermics, 24(3):345 - 359.

KOLDITZ O, 1995. Modelling flow and heat transfer in fractured rocks: dimensional effect of matrix heat diffusion[J]. Geothermics, 24(3):421 - 437.

KULATILAKE P H S W, BALASINGAM P, PARK J, et al, 2006. Natural rock joint roughness quantification through fractal techniques[J]. Geotechnical & Geological Engineering, 24(5):1181 - 1202.

KULATILAKE P H S W, PARK J, BALASINGAM P, et al, 2008. Quantification of aperture and relations between qperture, normal stress and fluid flow for natural single rock fractures[J]. Geotechnical and Geological Engineering, 26(3):269 - 281.

MA Y, ZHANG Y, HUANG Y, et al, 2019. Experimental study on flow and heat transfer characteristics of water flowing through a rock fracture induced by hydraulic fracturing for an enhanced geothermal system[J]. Applied Thermal Engineering, 154:433 - 441.

MA Y, ZHANG Y, YU Z, et al, 2018. Heat transfer by water flowing through rough fractures and distribution of local heat transfer coefficient along the flow direction[J]. International Journal of Heat and Mass Transfer, 119:139 - 147.

MAERZ H N, FRANKLIN A J, BENNETT P C, 1990. Joint roughness measurement using shadow profilometry[J]. International Journal of Rock Mechanics & Mining Sciences & Geomechanics Abstracts, 27(5):329 - 343.

MANDELBROT B B, 1983. The fractal geometry of nature - B. B. Mandelbrot[J]. Sciences New York, 5(23):63 - 68.

MANDELBROT B B, WHEELER J A, 1983. The fractal geometry of nature[J]. American Journal of Physics, 51(3):286 - 287.

MANDELBROT B B, 1967. How long is the coast of Britain? Statistical self - similarity and fractional dimension[J]. Science, 156(3775):636 - 638.

MITSUGU M, SHUNJI O, 1989. On the self - affinity of various curves[J]. Journal of the Physical Society of Japan, 58(5):1489 - 1492.

MOTTAGHY D, PECHNIG R, VOGT C, 2011. The geothermal project Den Haag: 3D numerical models for temperature prediction and reservoir simulation[J]. Geothermics, 40(3):199 - 210.

NOVIKOV V V, FRIEDRICH C, NEZHEVENKO K A, 2010. Effective electrical conductivity of nanocomposites. Influence of image forces on contact conductivity of metal - filled polymer nanocomposites[J]. Polymer Composites, 31(9):1541 - 1553.

OGINO F, YAMAMURA M, FUKUDA T, 1999. Heat transfer from hot dry rock to water flowing through a circular fracture[J]. Geothermics, 28(1):21 - 44.

OREY S, 1970. Gaussian sample functions and the Hausdorff dimension of level crossings[J]. Zeitschrift für Wahrscheinlichkeitstheorie und Verwandte Gebiete, 15(3):249 - 256.

PANDEY S N, CHAUDHURI A, KELKAR S, 2017. A coupled thermo - hydro - mechanical modeling of fracture aperture alteration and reservoir deformation during heat extraction from a geothermal reservoir[J]. Geothermics, 65:17 - 31.

PANDEY S N, VISHAL V, CHAUDHURI A, 2018. Geothermal reservoir modeling in a coupled thermo - hydro - mechanical - chemical approach: A review[J]. Earth - Science Reviews, 185:1157 - 1169.

PASTORE N, CHERUBINI C, GIASI C I, et al, 2016. Experimental investigations of heat transport dynamics in a 1d porous medium column[J]. Energy Procedia,97:233-239.

PASTORE N,CHERUBINI C,GIASI C I,et al,2017. Experimental investigation of heat transport through single synthetic fractures[J]. Energy Procedia,125:327-334.

PATTON F D,1966. Multiple modes of shear failure in rock[C]. Paper presented at the 1st ISRM Congress, Lisbon,Portugal:509-513.

POLLACK H N,HURTER S J,JOHNSON J R,1993. Heat-flow from the earths interior-analysis of the global data set[J]. Reviews of Geophysics,31(3):267-280.

PRANAY A,PALASH P,JOHN M,et al,2019. Effect of different flow schemes on heat recovery from Enhanced Geothermal Systems (EGS) [J]. Energy,175:667-676.

RE F,SCAVIA C,1999. Determination of contact areas in rock joints by X-ray computer tomography[J]. International Journal of Rock Mechanics and Mining Sciences,36(7):883-890.

RUTQVIST J,WU Y S,TSANG C F,et al,2002. A modeling approach for analysis of coupled multiphase fluid flow,heat transfer,and deformation in fractured porous rock[J]. International Journal of Rock Mechanics and Mining Sciences,39(4):429-442.

SALIMZADEH S,PALUSZNY A,NICK H M,et al,2018. A three-dimensional coupled thermo-hydro-mechanical model for deformable fractured geothermal systems[J]. Geothermics,71:212-224.

SHEN Y J,WANG X,WANG Y Z,et al,2021. Thermal conductivity models of sandstone:applicability evaluation and a newly proposed model[J]. Heat and Mass Transfer,57(6):985-998.

SUN QIANG,LÜCHAO,CAO LIWEN,et al. ,2016. Thermal properties of sandstone after treatment at high temperature[J]. International Journal of Rock Mechanics and Mining Sciences,85:60-66.

TENMA N,TSUTOMU Y,ZYVOLOSKI G,2008. The Hijiori Hot Dry Rock test site,Japan:Evaluation and optimization of heat extraction from a two-layered reservoir[J]. Geothermics,37(1):19-52.

THOMPSON A,KATZ A,KROHN C,1987. The microgeometry and transport properties of sedimentary rock [J]. Advances in Physics,36:625-694.

THOVERT J F,ADLER P M,1987. Transport processes in fractals . 5. Conductivity and permeability of random leibniz packings[J]. Physicochemical Hydrodynamics,8(2):137-160.

THOVERT J F,ADLER P M,1988. Transport processes in fractals . 8. Permeability of leibniz packings-experimental[J]. Physicochemical Hydrodynamics,10(2):165-179.

TSE R,CRUDEN D M,1979. Estimating joint roughness coefficients[J]. International Journal of Rock Mechanics and Mining Sciences & Geomechanics Abstracts,16(5):303-307.

VIK H S,SALIMZADEH S,NICK H M,2018. Heat recovery from multiple-fracture enhanced geothermal systems:The effect of thermoelastic fracture interactions[J]. Renewable Energy,121:606-622.

VOGT C,IWANOWSKI S K,MARQUART G,et al,2013. Modeling contribution to risk assessment of thermal production power for geothermal reservoirs[J]. Renewable Energy,53:230-241.

WHEATCRAFT S W,TYLER S W,1988. An explanation of scale-dependent dispersivity in heterogeneous aquifers using concepts of fractal geometry[J]. Water Resources Research,24(4):566-578.

WU T H,ALI E M,1978. Statistical representation of joint roughness[J]. International Journal of Rock Mechanics and Mining Sciences & Geomechanics Abstracts,15(5):259-262.

XU T F,SONNENTHA E,SPYCHER N,et al,2006. Toughreact-A simulation program for non-isothermal multiphase reactive geochemical transport in variably saturated geologic media:Applications to geothermal injectivity and CO_2 geological sequestration[J]. Computers & Geosciences,32(2):145-165.

YANG S Y,YEH H D,2009. Modeling heat extraction from hot dry rock in a multi-well system[J]. Applied Thermal Engineering,29(8):1676-1681.

YU X, VAYSSADE B, 1991. Joint profiles and their roughness parameters[J]. International Journal of Rock Mechanics and Mining Sciences & Geomechanics Abstracts, 28(4): 333-336.

YUAN F, XI C, XI F X, 2014. Current status and potentials of enhanced geothermal system in China: A review [J]. Renewable and Sustainable Energy Reviews, 33: 214-223.

ZENG Y C, WU N Y, SU Z, et al, 2013. Numerical simulation of heat production potential from hot dry rock by water circulating through a novel single vertical fracture at Desert Peak geothermal field[J]. Energy, 63: 268-282.

ZENG Y C, WU N Y, SU Z, et al, 2014. Numerical simulation of electricity generation potential from fractured granite reservoir through a single horizontal well at Yangbajing geothermal field[J]. Energy, 65: 472-487.

ZENG Y C, ZHAN J M, WU N Y, et al, 2016. Numerical investigation of electricity generation potential from fractured granite reservoir through a single vertical well at Yangbajing geothermal field[J]. Energy, 114: 24-39.

ZENG Y C, ZHAN J M, WU N Y, et al, 2016. Numerical simulation of electricity generation potential from fractured granite reservoir through vertical wells at Yangbajing geothermal field[J]. Energy, 103: 290-304.

ZENG Y, ZHAN J, WU N, et al, 2016. Numerical investigation of electricity generation potential from fractured granite reservoir by water circulating through three horizontal wells at Yangbajing geothermal field[J]. Applied Thermal Engineering, 104: 1-15.

ZHANG L, JIANG P, WANG Z, et al, 2017. Convective heat transfer of supercritical CO_2 in a rock fracture for enhanced geothermal systems[J]. Applied Thermal Engineering, 115: 923-936.

ZHANG X, HU Q, 2018. Development of geothermal resources in China: A review[J]. Journal of Earth Science, 29(2): 452-467.

ZHAO J, TSO C P, 1993. Heat transfer by water flow in rock fractures and the application to hot dry rock geothermal systems[J]. International Journal of Rock Mechanics and Mining Sciences & Geomechanics Abstracts, 30(6): 633-641.

ZHU J, HU K, LU X, et al, 2015. A review of geothermal energy resources, development, and applications in China: Current status and prospects[J]. Energy, 93: 466-483.

ZHU Z N, TIAN H, MEI G, et al, 2020. Experimental investigation on physical and mechanical properties of thermal cycling granite by water cooling[J]. Acta Geotechnica, 15(7): 1881-1893.